严寒地区沥青混凝土面板研究与应用

毛三军　李忠彬等　编著

中国三峡出版传媒
中国三峡出版社

图书在版编目（CIP）数据

严寒地区沥青混凝土面板研究与应用／毛三军等编著．—北京：中国三峡出版社，2017.6

ISBN 978－7－80223－994－4

Ⅰ.①严… Ⅱ.①毛… Ⅲ.①寒冷地区－混凝土面板坝－研究－呼和浩特 Ⅳ.①TV649

中国版本图书馆 CIP 数据核字（2017）第 121572 号

责任编辑：赵静蕊

中国三峡出版社出版发行

（北京市西城区车公庄大街 12 号　　100037）

电话：（010）57082645　57082655

http：//www.zgsxcbs.cn

E－mail：sanxiaz@sina.com

北京市画中画印刷有限公司印刷　新华书店经销

2017 年 6 月第 1 版　2017 年 6 月第 1 次印刷

开本：787×1092 毫米　1/16　印张：10.5

字数：202 千字

ISBN 978－7－80223－994－4　定价：138.00 元

上水库开工典礼

上水库原始地貌

上水库库盆开挖面貌

上水库堆石坝施工

廊道施工

库底沥青混凝土摊铺

防渗层摊铺

沥青拌和楼

防渗层碾压

完工后的上水库

上水库蓄水

完成初期蓄水

上水库卫星图

高山明珠

严寒地区沥青混凝土面板研究与应用

编 委 会

目 录

第 1 章　项目综述

1.1　立项背景

1.1.1　国际国内沥青混凝土面板现状

(1) 国际现状

沥青成功地应用于水工结构有着悠久的历史，但沥青混凝土防渗技术应用于大型水工建筑物，在国际上是 20 世纪 30 年代才发展起来的一项筑坝技术。沥青混凝土面板具有良好的防渗能力，优异的适应基础变形和温度变形能力，自身不需设置结构接缝，施工速度快，且无毒、环保，耐久性优异，非常适宜用作水库防渗体。国外将沥青混凝土面板用于大坝水库防渗始于 20 世纪 30 年代，且发展迅速，20 世纪 70 年代进入应用高峰期。1988 年第 16 届国际大坝会议将沥青混凝土防渗堆石坝列入了未来最高坝的适宜坝型。据不完全统计，目前全世界建成的沥青混凝土面板防渗土石坝已有 400 余座，第一座为 1937 年建成的阿尔及利亚的埃尔．格力布大坝，坝高 56m；最高的沥青混凝土面板坝为奥地利的奥申尼克（Oschenik）沥青混凝土面板坝，坝高 106m；防渗面积最大的沥青混凝土面板工程为德国的盖斯特（Geeste）水库防渗面积达 $184 \times 10^4 m^2$。

因为防渗性能优异且能适应较差的地形条件和较大的水位变幅，所以沥青混凝土面板在国外抽水蓄能电站水库防渗得到了广泛应用，已成为抽水蓄能电站水库防渗的首选。据不完全统计，国外已超过 80 多座抽水蓄能电站上水库采用了沥青混凝土面板防渗，主要分布在德国、美国、奥地利、日本、瑞典、挪威、法国、英国。比较典型的工程如德国的瓦尔杰克和高迪斯塞尔，美国的路丁顿，英国的台劳奇・黑尔，比利时的库—特罗—波恩斯，法国的格兰德·麦宗，捷克斯洛伐克的坝尔尼—伐格，奥地利的黑福努，日本的萨比加瓦电站。其中美国1972年完工的路丁顿（Lutington）抽水蓄能电站上库防渗面板面积达$27\times10^4m^2$，日本1994年投入运行的蛇尾川抽水蓄能电站上库沥青混凝土面板堆石坝，坝高90.5m，德国2006年完工的高迪斯塞尔（Goldishthal）抽水蓄能电站上水库，全库盆沥青混凝土防渗面积达$95.8\times10^4m^2$。

当前，国外水工沥青混凝土面板配合比设计、施工设备及质量控制关键技术被三家公司垄断，即德国的斯特拉堡（Strawbag）公司、瑞士沃禄（Walo）公司和日本的大成公司。这三家公司的沥青混凝土面板技术已比较成熟，各自形成了专有技术和设备，国外水工沥青混凝土面板工程基本由这三家公司完成。

（2）国内现状

1970—1990年，我国在这个阶段修建沥青混凝土面板堆石坝20余座（表1.1-1），但由于当时国产沥青品质较差，施工设备落后，国内技术人员不掌握沥青混凝土配合比和施工质量控制关键技术，此阶段修建的堆石坝沥青混凝土面板出现了众多问题，这些问题可以归结为三类，即低温开裂，高温流淌和接头脱开。这些问题导致水库渗漏严重，影响工程的正常运行，引起了国内工程界对沥青混凝土面板的质疑，使国内堆石坝沥青混凝土面板防渗技术的发展进入十分困难时期，相关工程建设也基本处于停滞状态，甚至有的工程不得不拆除沥青混凝土面板，改建其他防渗面板，如浙江牛头山坝和湖北车坝河坝。

表1.1-1　20世纪70—90年代我国修建沥青混凝土面板堆石坝统计表

序号	工程名称	地点	坝高（m）	建设年代	防渗面积（m^2）
1	抄道沟水库	河北青龙县	39	1970—1980年	4000
2	正岔水库	陕西长安县	35	1970—1980年	4000
3	半城子水库	北京密云县	29	1970—1980年	11000
4	里册峪水库	山西绛县	57	1970—1980年	12000
5	黄龙水库	云南嵩明县	22	1970—1980年	3835
6	大夹砬子水库	辽宁恒仁县	27	1970—1980年	
7	十二台子水库	辽宁朝阳县	24.5	1970—1980年	1800
8	石砭峪水库	陕西长安县	82.5	1970—1980年	37500
9	坑口水库	浙江青田县	37	1970—1980年	4500
10	红江水库	广西玉林	45	1970—1980年	9000
11	杨家庄水库	山西霍县	48	1970—1980年	600
12	南谷洞水库	河南林县	79	1970—1980年	20000

续表

序号	工程名称	地点	坝高（m）	建设年代	防渗面积（m^2）
13	三家子电站	吉林集安	37	1970—1980 年	
14	二门山电站	黑龙江孙吴县	30	1970—1980 年	
15	横冲水库	云南呈贡县	40	1970—1980 年	13000
16	三八塘	陕西长安县	8	1970—1980 年	6677
17	磨板坑水库	广东梅县	23.1	1970—1980 年	2500
18	滁县铜矿尾矿坝	安徽滁县	21	1970—1980 年	
19	温状子水库	辽宁建昌	28	1970—1980 年	10500
20	汾河二库	山西太原	58.5	1970—1980 年	25000
21	四方村尾矿坝	安徽铜陵	62	1970—1980 年	
22	关山水库	山西昔阳		1980—1990 年	
23	车坝河水库	湖北恩施		1980—1990 年	
24	牛头山水库	浙江临海		1980—1990 年	
25	桥墩水库	浙江苍南	50	1980—1990 年	51329
26	东坝一级水库	福建莆田	58	1980—1990 年	

1990—2010 年，国内水工沥青混凝土面板工程开始对国外承包商开放，我国沥青混凝土面板发展进入国内外合作阶段，这个时期的代表性工程为天荒坪、张河湾、西龙池工程。这些工程由国外承包商或中外合作承建完成，但关键技术由国外承包商主导，如天荒坪工程由德国斯特拉堡公司主导，张河湾、西龙池工程由日本大成公司主导。我国的科研、施工单位虽然参与了这些工程，但只处于配合地位，无法掌握关键技术。但自浙江天荒坪抽水蓄能电站沥青混凝土面板建设开始，国内各科研、设计、施工单位也以此为契机，开始系统借鉴国外先进经验。经过天荒坪、张河湾、西龙池工程建设，国内技术人员已初步了解国外先进技术，开始有意识地向形成自有技术的方向发展。另外，这段时期国产沥青的品质也有了较大提高，为我国水工沥青混凝土面板的自主建设提供了可能。

表 1.1-2　1990—2010 年我国修建沥青混凝土面板堆石坝统计表

序号	工程名称	地点	坝高（m）	建设年代	防渗面积（m^2）	承包商
1	天荒坪抽水蓄能电站上水库	浙江安吉	72	1996—2000 年	286000	斯特拉堡公司
2	张河湾抽水蓄能电站上水库	河北井陉	57	2004—2006 年	345000	日本大成公司

续表

序号	工程名称	地点	坝高（m）	建设年代	防渗面积（m^2）	承包商
3	西龙池抽水蓄能电站上水库	山西忻州	50	2004—2006年	224600	日本大成公司
4	西龙池抽水蓄能电站下水库	山西忻州	97	2004—2006年	112500	日本大成公司
5	宝泉抽水蓄能电站上水库	河南辉县	94.8	2005—2008年	170000	中水科总公司

2011年至今为我国水工沥青混凝土面板技术的自主发展阶段。在这个阶段，为了全面提高我国沥青混凝土面板技术水平，重点针对沥青混凝土面板的防渗性能、变形性能、抗斜坡高温流淌性能、水稳定性能、抗低温开裂性能等关键技术开展了研究和工程实践，初步形成了沥青混凝土面板配合比设计方法、施工设备及施工技术，并在依托工程中获得了成功应用。至此，我国沥青混凝土面板技术进入自主发展时期。

1.1.2 当前沥青混凝土面板存在的问题

国内外沥青混凝土面板在应用过程中，遇到的技术问题主要为面板的低温开裂，斜坡高温流淌和接头脱开问题。随着沥青品质的提高、配合比技术的发展和施工工艺的完善，斜坡高温流淌和接头脱开问题得到了较好解决，但随着沥青混凝土面板在寒冷及严寒地区的应用，其低温抗裂技术仍未突破。

国外有资料可查的在极端最低气温-30℃以下严寒地区修建的沥青混凝土面板工程为奥地利Fragant梯级电站的Oscheniksee水库，大坝坝高81m，上游面采用沥青混凝土面板防渗，位于海拔2391m的阿尔匹斯山地区，运行过程中在经历-35℃的低温后出现了20多条顺坡向较大裂缝，导致面板出现较大渗漏，工程不能正常运行。

1.1.3 呼蓄工程沥青混凝土面板应用技术瓶颈

呼和浩特抽水蓄能电站上水库库区地下水位大部分低于正常蓄水位，岩石透水性较大，存在向库外渗漏问题，根据库区工程地质条件需要进行全库防渗处理。上水库地处严寒地区，极端最低温度为-41.8℃，比山西西龙池抽水蓄能电站上水库极端最低气温还低7.3℃；极端最高温度为35.1℃，温差最大达77℃。沥青混凝土低温冻断与斜坡高温流淌相容问题突出。

国内代表沥青混凝土面板低温抗裂最高水平的是西龙池上库沥青混凝土面板工程，其极端最低气温为-34.5℃，防渗层沥青混凝土设计低温冻断温度-38℃，由日本大成公司承包建设。改性沥青采用国外产品，沥青混凝土配合比设计由日本大成公司完成，施工设备采用国外设备。

通过调研，我国现有沥青技术性能无法满足呼蓄电站沥青混凝土面板低温冻断温度不大于 -43℃的要求；国内科研单位缺乏沥青混凝土低温冻断试验手段；国内施工单位缺少沥青混凝土面板施工设备和施工技术。综上所述，呼蓄工程采用沥青混凝土面板防渗面临巨大挑战。

1.2 本项目研究目的及意义

呼蓄电站上水库极端最低气温 -41.8℃，为目前世界上已建和在建抽水蓄能电站沥青混凝土面板工程低温之最，并且由国人自主设计、自主施工，沥青混凝土面板低温抗裂无成功经验借鉴，面临巨大挑战。解决这个技术难点是关系到呼蓄上水库防渗工程成败的关键，必须进行深入研究。

本项目研究目的和意义包括两个方面：

第一，解决沥青混凝土面板 -43℃以下低温抗裂的世界性难题，突破严寒地区沥青混凝土面板技术瓶颈，引领和促进沥青混凝土面板新材料、新工艺、新技术的研究，完成呼和浩特抽水蓄能电站上水库沥青混凝土面板建设工作，推动沥青混凝土面板防渗技术在我国严寒地区的应用发展；

第二，秉持三峡集团公司引进、消化、吸收、再创新的理念，进行水工改性沥青原材料、关键施工设备的自主研发，开展沥青混凝土面板施工工艺及质量控制技术的再创新，结束沥青混凝土面板关键技术长期依赖国外的历史，实现沥青混凝土面板技术的国产化。

本项目的研究成果应用和推广前景广阔，社会效益巨大。

1.3 项目的可行性和研发的技术路线

（1）项目的可行性

① 可研阶段核准的面板防渗方案

呼和浩特抽水蓄能电站上水库在可行性研究阶段受当时国内外严寒环境沥青混凝土面板技术和建设水平的制约，推荐了钢筋混凝土面板全库防渗。该方案经 2005 年 9 月水电水利规划设计总院审查和 2006 年 1 月中国国际工程咨询公司项目申请报告核准评估均认为是合适的，2006 年 8 月通过国家发改委核准。

② 面板防渗方案比选

呼蓄电站上水库地处严寒地区，最冷月（1 月）平均气温为 -15.7℃，极端最

低气温 -41.8℃，比山西西龙池抽水蓄能电站上水库极端最低气温还低 7.3℃。鉴于呼蓄电站上水库恶劣的运行环境，中国长江三峡集团公司技术委员会对呼蓄电站上水库工程防渗方式进行了系统的研究，认为上水库防渗面板的抗冻性能直接影响工程运行安全及工程寿命，要求呼蓄公司进一步研究上水库防渗方案。因此，呼蓄公司组织各方开展钢筋混凝土面板和沥青混凝土面板两种防渗形式的比选研究。

经研究比较，钢筋混凝土面板防渗设计和施工经验丰富，施工工艺简单，但在呼蓄电站上水库严酷的气候条件下抗裂和冻融破坏问题突出。在严寒气候条件下钢筋混凝土面板长期遭受频繁冻融循环作用容易受到破坏。严重的冻融破坏，将威胁到建筑物的正常运行，降低建筑物的使用年限。并且钢筋混凝土面板裂缝及冻融破坏维修成本高工期长。沥青混凝土面板不存在冻融剥蚀破坏问题，具有良好的防渗能力，以及优异的适应基础变形和温度变形能力，自身不需设置结构接缝，施工速度快，且无毒、环保，耐久性好，易于修缮，维修成本低工期短。

经从枢纽布置、工程量及土建可比投资、建筑材料、防渗材料适用基础变形、防渗效果、施工条件、运行检修条件、技术可行性等方面进行综合比较，呼蓄电站上水库采用沥青混凝土面板较优。

③ 沥青混凝土面板技术科研攻关项目的可行性

呼蓄电站上水库采用沥青混凝土面板比钢筋混凝土面板具有一定优势，但呼蓄电站上水库严酷的气候条件，对沥青混凝土面板的低温抗裂性能要求极高，需要进行科研攻关。根据国内当时沥青混凝土发展及应用情况，科研攻关工作是具有一定基础的，第一，在 1990 年至 2010 年期间，沥青混凝土面板防渗方案为众多大型抽水蓄能电站工程所采用，国内设计、科研及施工单位已具有一定工程实践经验。第二，经初步试验成果及资料分析，采用高性能改性沥青配制沥青混凝土基本可满足呼蓄电站上水库工程要求。第三，西龙池抽水蓄能电站上水库地处严寒地区，极端最低气温为 -34.5℃，其沥青混凝土面板防渗工程经验可供借鉴。鉴于以上因素，可认为本技术科研攻关项目是可行的。

（2）研发的技术路线

① 宏观规划路线

为推动我国沥青混凝土面板防渗技术的发展，结束沥青混凝土面板防渗技术长期依赖国外技术的历史，解决呼蓄电站上水库沥青混凝土面板低温抗裂的世界性难题，中国长江三峡集团公司由毕亚雄副总经理和张超然院士牵头，组织行业内外专家对沥青混凝土面板防渗技术的难点和重点技术进行分析研究，其中难点技术专题为沥青混凝土面板低温抗裂，重点技术专题为沥青原材料技术性能、面板沥青混凝土施工配合比设计和沥青混凝土现场施工工艺等。根据国内外沥青混凝土面板技术发展趋势，依托国内科研团队力量，通过联合科研攻关，突破技术瓶颈。

参与科技攻关的单位及工作分工为：项目科研攻关责任单位为内蒙古呼和浩特抽水蓄能发电有限责任公司，沥青混凝土面板相关的技术指标和设计要求制定由中国电建集团北京水利水电勘测设计研究院有限公司承担，沥青原材料研发由中石油公司承担，沥青混凝土试验研究工作由中国水利水电科学研究院和西安理工大学承担，沥青混凝土面板施工技术研究和专业施工设备研发由中国葛洲坝集团公司、北京中水科海利工程技术有限公司和中国水利水电建设工程咨询西北有限公司承担。

2009 年 11 月 25 日，设计单位根据呼蓄电站项目现场施工条件及同类工程成功经验，对上水库防渗面板方案进一步论证沥青混凝土防渗方案的可行性，提出呼和浩特抽水蓄能电站上水库钢筋混凝土与沥青混凝土面板防渗方案技术经济分析报告。2010 年 4 月 15 日至 16 日，中国水利水电建设工程咨询公司主持召开了呼和浩特抽水蓄能电站上水库钢筋混凝土与沥青混凝土面板防渗方案技术经济分析报告咨询会议，主要咨询意见认为：“根据目前的初步试验成果，借鉴西龙池抽水蓄能电站等严寒地区沥青混凝土面板防渗工程经验，初步认为上水库采用全库盆沥青混凝土面板防渗方案技术上基本可行。”

2010 年 5 月，设计单位根据上述咨询意见具体开展上水库沥青混凝土面板防渗形式设计研究工作。

2010 年 9 月，由项目参与单位组成调研组，对中国石化辽河分公司、新疆克拉玛依炼化总厂、中海油气开发利用公司、盘锦市中油辽河沥青有限公司、北京路新大成景观公司等公司的水工沥青产品研发最新成果、生产能力及供货方式等做了详细的调研。中国水利水电科学研究院基于调研成果，对国内 4 个沥青厂家的 13 种改性沥青新产品开展原材料、沥青混凝土配合比研究试验。室内试验研究结果表明：采用自主研发的水工改性沥青材料，结合沥青混凝土配合比优化技术，可实现沥青混凝土面板低温冻断温度达 -43℃以下，呼和浩特抽水蓄能电站上水库沥青混凝土面板防渗方案具备技术可行性。

2011 年 4 月，中国三峡集团公司召开了呼蓄电站上水库沥青混凝土防渗面板试验成果评审会，认为：“对于沥青混凝土担心的低温冻断问题，现有试验成果表明基本可以解决。结合西龙池和张河湾抽水蓄能电站上水库沥青混凝土面板运行的成功实践，建议呼和浩特抽水蓄能电站上水库按沥青混凝土面板全库防渗方案开展相关工作。”

2012 年 4 月，设计单位编制完成《内蒙古呼和浩特抽水蓄能电站上水库防渗方案设计变更专题报告（送审稿）》，提出上水库改用全库盆沥青混凝土面板防渗方案。

2013 年 3 月，水电水利规划设计总院会同内蒙古自治区发展和改革委员会、能源局对北京院提交的《内蒙古呼和浩特抽水蓄能电站上水库防渗方案设计变更专题报告》进行了审查，同意上水库防渗方案调整为全库盆沥青混凝土面板防渗方案。

② 技术细节路线

本项目研究综合采用材料研发、室内试验、现场试验、设备研发、工艺创新、质量检测等多种手段开展研究工作，实现产、学、研一体化，联合攻克严寒地区沥青混凝土面板的关键技术难题。

沥青混凝土低温抗裂性能主要决定于沥青品质、配合比设计、施工工艺、质量控制等。因此，本项目组以呼和浩特抽水蓄能电站工程为依托，针对沥青混凝土低温抗裂性能的各种影响因素进行深入研究，按照“水工改性沥青材料研发→沥青混凝土配合比试验研究→水工改性沥青原材料和沥青混凝土面板技术指标提出→沥青混凝土配合比提出→施工设备研发→工艺创新→大规模施工→试运行→效果反馈→整体方案评价”的总体技术路线，对严寒地区沥青混凝土面板设计关键技术进行系统研究。

1.4 研究内容及成果

本课题以呼蓄工程为依托，针对严寒地区沥青混凝土面板低温抗裂问题，进行了以下方面研究：

（1）严寒地区沥青混凝土水工改性沥青的开发研究

沥青原材料对沥青混凝土的低温抗裂性能影响较大。呼蓄工程开工前，对国内 4 个沥青厂家的 13 种改性沥青成型产品进行了调研，发现当时已有沥青无法满足呼蓄工程防渗层沥青混凝土面板低温冻断温度低于 -43℃的要求。在此情况下，本课题选用牌号为 C-130 的极寒沥青作为基质沥青，通过掺加大剂量、低嵌段比、分子量在 50000~80000 的线形 SBS 作为改性剂，在改善低温性能的同时兼顾高温性能。针对大剂量 SBS 在沥青中难以稳定的难题，配以高性能的稳定剂、相容剂并采用特殊的加工工艺，使各种材料相容并分散均匀，形成稳定的胶体结构，攻克了基质沥青与外掺材料的稳定相容难题。经大量试验遴选，确定了 SBS、稳定剂、相容剂的配合比，首次研发成功适合极端最低气温 -41.8℃的水工 5#改性沥青。该改性沥青低温、高温性能优异，在拌料、运输、施工、运行过程中质量稳定，在呼蓄工程中应用超过 6500t，效果良好。

（2）严寒地区沥青混凝土配合比设计优化

① 通过采用自主研发的 5#水工改性沥青材料，以低温冻断温度为主控参数进行配合比优选设计，综合考虑抗裂、抗渗、抗弯等性能。实现防渗层沥青混凝土低温抗裂性能和其他性能的统一。通过采用自主研发的 5#水工改性沥青进行配合比优化设计首次解决了抽蓄电站防渗层混凝土低温冻断温度低于 -43℃ 的国际性难题。

② 严寒地区沥青混凝土面板低温抗裂性能要求突出，但沥青面板为高温施工，运行时因太阳辐射也会达到 70℃ 以上，因此在设计低温性能时不能降低其高温性能。为了解决沥青面板高温、低温性能相容性问题，提出了丁朴荣级配公式的高级配指数设计方法，配合比设计中的级配指数大于 0.35，得到防止高温流淌的防渗层沥青混凝土，保证了斜坡沥青面板在施工期和运行期高温时段的稳定性，解决了严寒地区沥青混凝土面板低温抗裂和高温流淌的相容问题。

（3）严寒地区水工改性沥青原材料和沥青混凝土技术指标的研究

通过大量的室内试验研究并结合以往工程实践，进行严寒地区改性沥青原材料和沥青混凝土技术指标的研究，提出了严寒地区水工改性沥青原材料和沥青混凝土的关键技术指标。

表 1.4-1　水工 SBS 聚合物改性沥青技术要求

序号	项　目	单 位	质量指标	试验方法《公路工程沥青及沥青混合料试验规程》JTJ 052—2000
1	针入度（25℃，100g，5s）	1/10mm	>100	JTJ T 0604—2000
2	针入度指数 PI		≥ -1.2	JTJ T 0604—2000
3	延度（5℃，5cm/min）	Cm	≥70	JTJ T 0605—1993
4	延度（15℃，5cm/min）	Cm	≥100	
5	软化点（环球法）	℃	≥45	JTJ T 0606—2000
6	运动粘度（135℃）	Pas	≤3	JTJ T 0625—2000/JTJ T 0619—1993
7	脆点	℃	≤ -22	JTJ T 0613—1993
8	闪点（开口法）	℃	≥230	JTJ T 0611—1993
9	密度（25℃ ）	g/cm^3	实测	JTJ T 0603—1993
10	溶解度（三氯乙烯）	%	≥99	JT T 0607—1993
11	弹性恢复（25℃）	%	≥55	JTJ T 0622—1993
12	离析，48h 软化点差	℃	≤2.5	JTJ T 0661—2000

续表

序号	项　目		单 位	质量指标	试验方法《公路工程沥青及沥青混合料试验规程》JTJ 052—2000
13	基质沥青含蜡量（裂解法）		%	≤2	JTJ T 0615—2000
14	薄膜烘箱后	质量变化	%	≤1.0	JTJ T 0610—1993
15		软化点升高	℃	≤5	JTJ T 0606—2000
16		针入度比（25℃）	%	≥50	JTJ T 0604—2000
17		脆点	℃	≤－19	JTJ T 0613—1993
18		延度（5℃，5cm/min）	Cm	≥30	JTJ T 0605—1993
19		延度（15℃，5cm/min）	Cm	≥80	

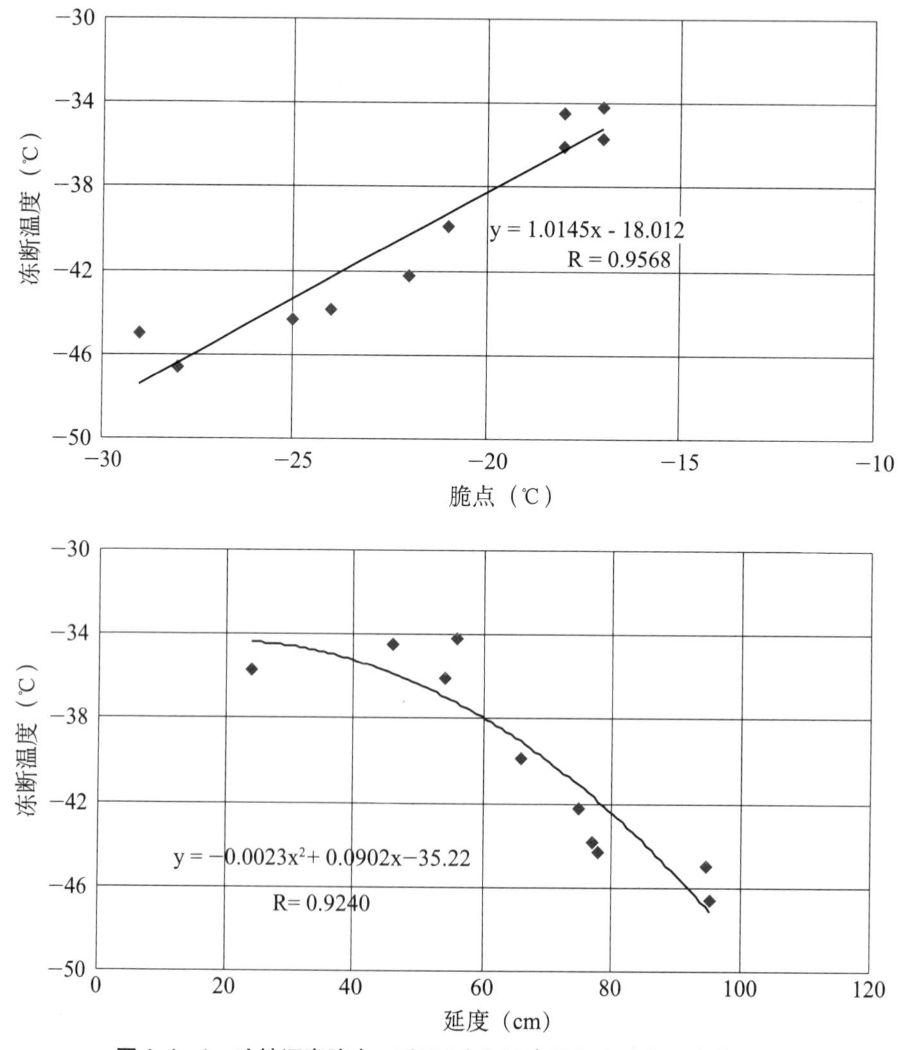

图 1.4－1　改性沥青脆点、5℃延度和沥青混凝土冻断温度的关系

表 1.4-2 防渗层沥青混凝土技术要求

<table>
<tr><th>序号</th><th colspan="2">项 目</th><th>单位</th><th>技术要求</th><th>备 注</th></tr>
<tr><td>1</td><td colspan="2">密度</td><td>g/cm³</td><td>实测</td><td>/</td></tr>
<tr><td rowspan="2">2</td><td colspan="2" rowspan="2">孔隙率</td><td rowspan="2">%</td><td>≤2</td><td>马歇尔试件（室内成型）</td></tr>
<tr><td>≤3</td><td>现场芯样或无损检测</td></tr>
<tr><td>3</td><td colspan="2">渗透系数</td><td>cm/s</td><td>≤1×10⁻⁸</td><td>/</td></tr>
<tr><td>4</td><td colspan="2">水稳定系数</td><td>—</td><td>≥0.9</td><td>孔隙率约3%时</td></tr>
<tr><td>5</td><td colspan="2">斜坡流淌值</td><td>m</td><td>≤0.8</td><td>马歇尔试件（室内成型）（1：1.75，70℃，48h）</td></tr>
<tr><td>6</td><td colspan="2">冻断温度</td><td>℃</td><td>≤-44℃（平均值）</td><td>检测的最高值应不高于-43℃</td></tr>
<tr><td>7</td><td>弯曲应变</td><td>2℃变形速率，0.5mm/min</td><td>%</td><td>≥2.5</td><td>/</td></tr>
<tr><td>8</td><td>拉伸应变</td><td>2℃变形速率，0.34mm/min</td><td>%</td><td>≥1.0</td><td>/</td></tr>
<tr><td rowspan="2">9</td><td rowspan="2">柔性试验（圆盘试验）</td><td>25℃</td><td>%</td><td>≥10（不漏水）</td><td>/</td></tr>
<tr><td>2℃</td><td>%</td><td>≥2.5（不漏水）</td><td>/</td></tr>
</table>

（4）改进了沥青混凝土圆盘柔性试验方法，使试验条件更符合工程实际，提高了试验精度。

在传统马歇尔沥青混凝土试件抗渗试验的基础上，改进了沥青混凝土圆盘柔性试验方法，该试验方法可检验沥青混凝土在一定变形状态下的抗渗性能，试验结果能有效评估沥青面板实际工程防渗效果。

改进的沥青混凝土圆盘柔性方法如下：

① 采用《水工沥青混凝土试验规程》沥青混合料制备的方法，成型直径 60cm、厚 5cm 的沥青混凝土圆盘试件；

② 待沥青混凝土圆盘试件冷却至室温后，将其安装到内径 50cm 的钢制试验压力桶机架上，试件周边 5cm 严格密封并用螺栓上下压紧；

③ 将装有圆盘试件的钢制试验压力桶机架放在恒温房内，在试验温度（2℃、25℃）条件下恒温一昼夜；

④ 在圆盘试件下方缓慢施加水压力使试件弯曲变形，在圆盘上部中心等部位测量变形，并观察试件裂缝和漏水情况；

⑤ 当中心位置位移量达到规定值时，从上部通过承压设备（如填置砂石料）限制沥青混凝土板进一步变形。逐级缓慢加压至设计水压，稳定 4h 后撤压。

在设计水压下，当试件未达到规定的挠跨比（2℃时挠跨比≥2.5%，25℃时挠跨比≥10%）时漏水即可结束试验，评定试件不合格；当试件达到规定的挠跨比时不漏水即可评定为合格。

（5）严寒地区沥青混凝土面板施工设备及施工质量控制技术研究

沥青混凝土面板必须在高温条件下施工，各项性能热敏感性强，一般拌和站出机口温度控制在150℃～180℃，在140℃以上摊铺，110℃以上终碾完成才易满足工程质量。但严寒地区气温低，沥青面板散热快，温降速率大，同时防渗层采用改性沥青，黏度较大，压实难度大，使施工后孔隙率小于3%的核心要求较难保证。针对这些问题，本课题通过拌和站、摊铺和碾压设备的改造，施工工艺的精细化控制，形成严寒地区沥青混凝土面板施工配套技术，大大提高了沥青面板的施工质量保证率。主要内容包括：

① 对拌和楼冷料仓、拌料控制系统进行二次改造，增设关键部位保温措施。根据外界气温调整拌和站出机口沥青混凝土的温度，保证低温期拌和楼的出料温度达到设计要求上限；

② 采用改变摊铺宽度的先进摊铺设备，以保证转角部位全部实现机械化摊铺，消除人工摊铺，保证摊铺质量。对摊铺设备的预压实系统进行二次改造，保证斜坡摊铺过程中面板预压实率大于90%；

③ 摊铺机、振动碾的斜坡牵引台车实现了国产化，施工速度达到国际先进水平。尤其是提高了现场斜坡供料系统的速度，减少了摊铺机停机待料的频率和时间。自主研发了摊铺机斜坡跟碾设备，保证了面板接缝的及时碾压；

④ 通过配合比设计及拌和站拌料精度控制，在满足其他性能的前提下，把出机口防渗层沥青混合料的孔隙率控制在1.5%左右（设计要求不超过2%），给现场摊铺、碾压留有足够的裕度。

⑤ 通过场外试验和场内试验，确定平面、斜坡沥青混凝土的碾压工艺，严格控制施工过程中摊铺后初碾，复碾，终碾的温度和碾压遍数。

⑥ 在低温时段，采用棉被对摊铺后不能立即上碾的沥青面板进行保温蓄热，以保证碾压时的温度要求。

⑦ 施工缝要求成30°～45°碾压密实，沥青混合料铺筑时搭接10～15cm，优先碾压。为保证碾压温度，施工缝不能跟碾时覆盖保温被，冷缝在铺筑前采用专门的红外线预加热措施。

通过采取上述措施，呼蓄工程沥青面板合格率控制在99%以上，有效克服低温大风等不利条件对施工质量的影响，取得了良好的应用效果，相关成果已编制形成三峡集团公司企业标准《水工沥青混凝土面板施工规范》（Q/CTG 35—2015）。

现场检测结果表明：防渗层沥青混凝土拌和站出机口孔隙率平均值1.52%，施工完成后孔隙率平均值2.5%，完全满足运行期防渗层沥青混凝土面板孔隙率≤3%的要求。

防渗层沥青混合料出机口成型试件低温冻断温度平均值－44.6℃，施工完毕后现场取样检测的低温冻断温度平均值－43.7℃，两者之差仅有0.9℃，而国内其他已建沥青混凝土面板工程防渗层室内成型低温冻断温度与现场摊铺施工后的冻断温度指标差别超过3℃。

1.5　主要创新点

呼蓄电站上水库地处严寒地区，极端最低气温达－41.8℃，沥青混凝土面板工程由国人自主设计、自行施工，国内外无成功先例可资借鉴，其工程建设面临巨大挑战。呼蓄公司组织国内相关设计、科研及施工单位经过深入研究，艰难攻关，严格质量管理，沥青混凝土面板工程获得了圆满成功。其主要技术创新点如下：

（1）研发出适用于极端最低气温－41.8℃地区沥青混凝土面板的水工改性沥青，并实现了工业化生产应用。

基于外掺大剂量、低嵌段比、低分子量SBS的沥青改性相容稳定技术，在改善沥青低温性能的同时兼顾高温性能，经自主研发，首次研发出适用于极端最低气温－41.8℃地区的水工改性沥青。该品种沥青低温、高温性能优异，质量稳定，实现了工业化生产，在呼蓄工程中应用超过6500t。

（2）基于防渗层沥青混凝土“稳定骨架”配合比设计理论，并以低温抗冻断为主控指标进行配合比优化设计，首次攻克了抽水蓄能电站防渗层沥青混凝土低温冻断温度低于－43℃的国际性难题。

① 通过采用自主研发的5#水工改性沥青材料，以低温冻断温度为主控参数进行配合比优选设计，综合考虑抗裂、抗渗、抗弯等性能。实现了防渗层沥青混凝土低温抗裂性能和其他性能的统一。通过采用自主研发的5#水工改性沥青进行配合比优化设计，首次解决了抽水蓄能电站防渗层混凝土低温冻断温度低于－43℃的国际性难题。

② 严寒地区沥青混凝土面板低温抗裂性能要求突出，但沥青面板为高温施工，运行时因太阳辐射也会达到70℃以上，因此在设计低温性能时不能降低其高温性能。为了解决沥青面板高温、低温性能相容性问题，提出“稳定骨架”配合比设计

理论，即以级配骨料形成防止斜坡流淌的稳定骨架、以沥青胶浆形成骨架填充体进行防渗层配合比设计。在此理论指导下，提出了丁朴荣级配公式的高级配指数设计方法，配合比设计中的级配指数大于0.35，得到了防止高温流淌的防渗层沥青混凝土，保证了斜坡沥青面板在施工期和运行期高温时段的稳定性，解决了严寒地区沥青混凝土面板低温抗裂和高温流淌的相容问题。

$$P_i = P_{0.075} + (100 - P_{0.075}) \frac{d_i^n - 0.075^n}{D^n - 0.075^n}, n > 0.25 (n = 0.35 \sim 0.50)$$

(3) 首次提出了严寒地区水工改性沥青的技术指标及沥青混凝土面板技术要求

目前水电工程的设计和施工规范中缺少对改性沥青原材料性能的规定，本项目经过深入研究首次提出了严寒地区水工SBS聚合物改性沥青的技术要求，建立了改性沥青5℃延度、脆点与沥青混凝土冻断温度的关系，填补了规范无规定的空白。

通过大量的室内试验研究并结合以往工程的实践经验，首次提出了严寒地区沥青面板防渗层和封闭层的技术指标，相关成果已纳入规范，为严寒条件下沥青混凝土面板设计奠定了基础。

(4) 改进了沥青混凝土圆盘柔性试验方法，使试验条件更加符合工程实际，提高了试验精度。

在传统马歇尔沥青混凝土试件抗渗试验的基础上，改进了沥青混凝土圆盘柔性试验方法，该试验方法可检验沥青混凝土在一定变形状态下的抗渗性能，试验结果能有效评估沥青混凝土面板实际工程防渗效果。

(5) 自主研发了沥青混凝土拌和、摊铺、碾压设备，实现了严寒地区沥青混凝土面板施工工艺创新，首次编制了严寒地区水工沥青混凝土面板施工规范。

① 为了保证严寒地区改性沥青混凝土面板的施工质量，通过自主研发，实现了拌和、摊铺、碾压等施工设备的二次改造。对沥青混凝土拌和站的冷料仓、拌料精度控制系统、保温系统进行了二次改造，提高了拌料精度，保证了出机口温度；改造了摊铺机的上料系统、牵引系统和预压实系统，使摊铺机的预压度达到90%以上，摊铺效率达到国际先进水平；自主研发了跟碾设备，该碾压设备可在斜坡施工时对摊铺后的接缝部位实施碾压，有效保证了面板接缝的施工质量。

② 防渗层沥青混凝土面板的孔隙率必须小于等于3%才能满足防渗和耐久性的要求。严寒地区防渗层面板因为低温抗裂技术要求突出，必须采用改性沥青，但改性沥青的黏度高，加上严寒地区气温低，在施工过程中控制防渗层沥青混凝土面板孔隙率不超过3%的难度很大，尤其是面板接缝部位，更难实现。另外，根据以往

工程实践，沥青混凝土低温冻断室内成型试验数值比现场摊铺后的取芯检测数值低3℃左右，呼蓄工程如采用此标准可能导致摊铺后沥青混凝土面板的低温抗裂不能满足设计要求。在这种情况下，本项目研究提出严寒地区沥青混凝土面板成套质量控制技术，包括对沥青混合料的生产、运输、现场摊铺、碾压、接缝部位的前、后处理、低温及大风时段保温技术、关键设备的技术参数要求等成套质量控制措施，实现了防渗层沥青混凝土孔隙率和低温抗裂性能从拌料到施工的全过程控制，取得了良好的应用效果。相关成果已编制形成三峡集团公司企业标准《水工沥青混凝土面板施工规范》（Q/CTG 35—2015），填补了严寒地区沥青混凝土面板施工技术空白。

第2章　严寒地区水工改性沥青研究开发

2.1　研究背景

沥青混凝土的低温冻断性能主要取决于沥青原材料性能和沥青混凝土配合比设计，其中沥青自身的品质起到关键性作用。为解决呼蓄电站上水库工程沥青混凝土面板防渗层低温冻断温度低于-43℃的国际性难题，根据以往工程实践经验，设计推荐呼蓄电站上水库工程沥青混凝土面板防渗层、加厚层和封闭层均采用水工改性沥青，并提出了改性沥青技术指标，详见表2.1-1。

通过调研的国内沥青生产厂家，现有的成品改性沥青性能不能满足呼蓄电站沥青混凝土冻断温度≤-43℃的要求，其检测结果见表2.1-2、2.1-3。

表2.1-1　改性沥青技术指标

项目	单位	设计要求
针入度（25℃，100g，5s）	1/10mm	>100
针入度指数PI	—	≥-1.2
延度（5℃，5cm/min）	cm	≥70
延度（15℃，5cm/min）	cm	≥100
软化点（环球法）	℃	≥45
运动粘度（135℃）	Pa·s	≤3
脆点	℃	≤-22
闪点（开口法）	℃	≥230
溶解度（三氯乙烯）	%	≥99.0
弹性恢复（25℃）	%	≥55
离析，48h软化点差	℃	≤2.5

续表

项目		单位	设计要求
基质沥青含蜡量		%	≤2
薄膜烘箱后	质量变化	%	≤1.0
	针入度比（25℃）	%	≥50
	延度（5℃，5cm/min）	cm	≥30
	延度（15℃，5cm/min）	cm	≥80

表2.1-2　国内优质沥青厂家改性沥青指标检测结果

项目		单位	设计要求	盘锦水工改性沥青	路新大成水工沥青	中海油改性沥青
针入度（25℃，100g，5s）		1/10mm	>100	78	103	105
针入度指数PI		—	≥-1.2	-0.23	-0.43	—
延度（5℃，5cm/min）		cm	≥70	44.9	56	54
延度（15℃，5cm/min）		cm	≥100	—	123	>150
软化点（环球法）		℃	≥45	82.5	75	63
运动粘度（135℃）		Pa·s	≤3	1.3	2.4	0.5
脆点		℃	≤-22	—	-17	-18
闪点（开口法）		℃	≥230	>230	>230	>230
溶解度（三氯乙烯）		%	≥99.0	99.5	99.8	99.6
弹性恢复（25℃）		%	≥55	92	80	83
离析，48h软化点差		℃	≤2.5	1.2	1.6	1.2
基质沥青含蜡量		%	≤2	1.4	—	1.3
薄膜烘箱后	质量变化	%	≤1.0	-0.3	-0.3	-0.12
	针入度比（25℃）	%	≥50	73	73	80
	延度（5℃，5cm/min）	cm	≥30	32	32	39
	延度（15℃，5cm/min）	cm	≥80	—	—	—

表3.1-3　国内优质沥青厂家水工改性沥青混凝土冻断温度

沥青厂家	改性沥青	冻断温度
盘锦市中油辽河沥青有限公司	水工改性沥青	-36.7℃
北京路新大成景观公司	水工沥青	-34.2℃
中海油气开发利用公司	改性沥青1#	-36.1℃

基于国内现有改性沥青难以满足呼蓄工程的技术要求，迫切需要开发一种具有突出低温性能的沥青产品，并通过试验确认沥青产品性能能够满足防渗层沥青混凝土冻断温度低于-43℃，这是呼蓄电站上水库沥青混凝土面板工程成功的关键。在

这样的背景下，中国水科院联合盘锦中油辽河沥青有限公司及中海油气利用公司，共同开发适用于呼蓄工程的严寒水工改性沥青产品，SK-Ⅱ、水工改性沥青1#、水工改性沥青3#、水工改性沥青5#。通过技术评定，最终选定盘锦中油辽河沥青有限公司生产的水工改性沥青5#。

2.2 主要研究内容

（1）开发至少一种新型严寒水工改性沥青产品，低温性能满足沥青混凝土冻断温度低于−45℃，高温性能满足沥青混凝土70℃斜坡流淌值小于0.8mm的极端技术要求。

（2）开发出低嵌段比SBS提高沥青低温性能的沥青改性技术。以保证改性沥青生产、运输、贮存、施工工程中的质量及其稳定性。为未来类似工程需求做技术储备。

（3）提出呼蓄工程严寒水工改性沥青生产指标要求，指导工程材料的生产、供应及工程施工过程质量控制。

2.3 产品研发

2.3.1 基质沥青

考虑成品改性沥青对高低温性能的要求，采用牌号为C-130的极寒沥青基础料，由辽河石化公司南蒸馏车间采用辽河环烷基低凝稠油炼制生产，具体分析数据见表2.3－1。

表2.3－1 基质性能指标

分析项目	分析结果	C-130技术要求
针入度0.1mm，25℃	140	120～140
软化点，℃	38.2	36～41
延度，cm（15℃）	≥150	—
延度，cm（10℃）	≥150	≥100
闪点，℃	256	≥250
溶解度，%	99.99	≥99.0
蜡含量，%	2.0	≤2.2
TFOT损失，%	0.012	≤±0.4
针入度比，%	56.9	≥52
TFOT后延度，cm（15℃）	≥100	≥100
TFOT后延度，cm（10℃）	≥100	≥100

2.3.2 改性剂

改性剂优选低嵌段比的线形聚苯乙烯-丁二烯热塑性弹性体，高含量的丁二烯嵌段又称为软段，具有良好的低温性能，又因为含有双烯键而具有一定的极性，与沥青保持良好的相容性。选择嵌段比为3∶7，SBS产品中低温性能最好的分子量范围在50000~80000的线形SBS产品。

2.3.3 试验设备

本实验用到的主要仪器设备见表2.3-2。

表2.3-2 试验主要仪器

仪器名称及型号	生产厂家
锥针入度专用恒温器	大连北方分析仪器有限公司
针入度测定器	北京兰航测控分析仪器有限公司
BFH-03C超级低温恒温器	大连北方分析仪器有限公司
精密电子天平	梅特勒公司
沥青延度测定仪	北京兰航测控仪器仪表有限公司
沥青乳化分散剪切机	上海FLUKO电气设备公司
沥青软化点测定器	北京兰航测控分析仪器有限公司
全自动沥青动力黏度试验仪	上海昌吉地质仪器有限公司
SLL-B石油沥青蜡含量测定仪	沈阳施博达仪器仪表有限公司
BFH-01B恒温水浴（测定四组分）	大连北方分析仪器有限公司
石油沥青薄膜烘箱	沈阳施博达仪器仪表有限公司
沥青运动粘度测定仪	BROOKFIELD CO.
改性沥青旋转薄膜烘箱	JAM. @ COX CO.
400倍荧光显微镜	NIKON公司
沥青混凝土冻断试验设备	西安理工大学

2.3.4 试验思路

由于呼和浩特地区夏季炎热、冬季寒冷，因此在产品开发时要同时兼顾沥青的高低温性能，解决材料间的相容问题，保证产品的施工操作和易性。采用SBS改性沥青技术加工路线，由于低分子量、低嵌段比的线形SBS，在常规的加入量下对于改善沥青高温性能作用并不理想，因此要兼顾高温性能就要增加改性剂的加入量，而这样又会导致大剂量改性剂如何稳定在沥青体系中的问题。

为了解决以上矛盾，需要开发适宜的加工工艺，使各种材料相容并分散均匀，形成稳定的胶体结构，才能在保证沥青具有良好高温性能的前提下，更加突出沥青材料的低温抗裂特性。

2.3.5 稳定技术的开发与研究

（1）基质沥青与不同量SBS的相容性研究

以辽河低凝环烷基原油生产的重交通道路沥青与SBS具有良好的相容性，环烷烃和芳香烃含量高，普遍认为是生产 SBS 的最佳原料沥青。但是沥青对于 SBS 的溶解能力是有限的，普遍认为 SBS 的加入量在 3% ~5% 时，稳定剂可以在外力作用下将 SBS 稳定分散在沥青中。本研究采用表 2.3－1 中 C-130 极寒沥青基础料为基质沥青，考察添加 5% ~8% SBS 时改性沥青的稳定性；稳定剂按照通常加入量为0.2% ~0.3% （WT%）。具体数据见下表 2.3－3。

表 2.3－3 不同 SBS 添加量对改性沥青稳定性的影响

分析项目	1#	2#	3#	4#
SBS 加入量,%	5	6	7	8
稳定剂加入量,%	0.25	0.26	0.28	0.30
针入度 25℃，0.1mm	117	105.1	89.5	78.2
软化点,℃	67.0	76.0	83.0	87.4
延度，5℃，cm	73.6	67.6	58.7	42.3
黏度，135℃，Pa·s	0.87	1.0	1.6	2.4
闪点,℃	>230	>230	>230	>230
溶解度,%	99.9	99.9	99.9	99.9
离析，软化点差,℃	2.2	2.8	8.9	>20
弹性恢复，25℃,%	90	92	94	95
PI	－0.99	－0.67	－0.23	0.14
RTFOT，质量变化,%	0.02	0.012	0.012	0.010
针入度比,%	70.2	75.3	78.0	83.5
延度 5℃，cm	41.6	38.2	30.9	26.4

从上表数据可以看出，当 SBS 加入量在 5% 时，离析试验结果接近≤2.5℃技术要求，当 SBS 加入量在 6% ~8% 时，离析试验结果未满足技术要求，并且随着加入比例的增大，不稳定现象越发突出。说明普通稳定技术对于大剂量的 SBS 稳定效果很不理想。

（2）高性能稳定剂不同加入量对改性沥青性质的影响

鉴于普通稳定剂不能满足高掺量 SBS 改性沥青稳定性技术要求，经过大量试验，考察了在 C-130 中添加不同比例高性能稳定剂对改性沥青的稳定效果，SBS 的加入量为 7%，稳定剂的加入量为 0.15% ~0.30%。试验结果表明改性沥青的稳定效果依稳定剂加入量不同而有所不同，随着稳定剂加入量的增加，离析试验结果趋于理想。对于 C-130 沥青，0.2% ~0.3% 的加入量是适宜的，可以保持沥青拥有较好低温特性的前提下，提高沥青的力学性能。少于 0.2% 时，离析试验结果不能满足要求，而在 0.3% 加入量时，黏度相对增加较大。

添加不同量稳定剂生产的 SBS 改性沥青性质见表 2.3－4。

表 2.3-4　稳定剂不同加入量对改性沥青性质的影响

分析项目	5#	6#	7#	8#
SBS 加入量,%	7	7	7	7
稳定剂加入量,%	0.15	0.2	0.25	0.3
针入度 25℃，0.1mm	92	88.9	87.3	86.6
软化点,℃	77.6	79.3	83.3	87.9
延度 5℃，cm	56.3	54.7	52.9	51.7
黏度 135℃，Pa·s	1.1	1.3	1.75	2.4
闪点,℃	>230	>230	>230	>230
溶解度,%	99.9	99.9	99.9	99.9
离析,℃	3.9	2.1	1.1	0.6
弹性恢复，25℃,%	90	94	95	99
PI	-0.35	-0.34	-0.31	-0.23
RTFOT 质量变化%	0.011	0.011	0.011	0.011
针入度比,%	76.3	77.6	77.9	84.9
延度 5℃，cm	31.5	30.1	29.9	29.6

（3）高性能稳定剂对不同 SBS 加入量改性沥青性质影响

在确定高性能稳定剂对 SBS 的稳定效果及添加的适宜范围后，开展了相同添加量的稳定剂生产不同级别 SBS 改性沥青的性能考察。具体试验数据结果见表 2.3-5。从表中数据可以看出，稳定剂对于 SBS 具有良好的稳定效果，与 C-130 基质沥青也具有良好的相容性，当稳定剂的加入量为 0.25% 时，对于 6% ~9% 的 SBS 都能较好地稳定在沥青中，但当 SBS 加入量高于 9% 时，稳定效果稍差。

表 2.3-5　稳定剂对不同 SBS 加入量改性沥青性质影响

分析项目	7#	9#	10#	11#
SBS 加入量,%	7	8	9	9.5
稳定剂加入量,%	0.25	0.25	0.25	0.25
针入度 25℃，0.1mm	87.3	82.1	80.7	78.6
软化点,℃	83.3	85.8	87.1	88.7
延度 5℃，cm	52.9	51.3	47.4	46.2
黏度 135℃，Pa·s	1.75	1.88	2.13	2.35
闪点,℃	>230	>230	>230	>230
溶解度,%	99.9	99.9	99.9	99.9
离析，软化点差,℃	1.1	1.8	2.3	2.9
弹性恢复 25℃,%	95	99	100	100
PI	-0.31	-0.24	-0.10	0.12
RTFOT 质量变化,%	0.011	0.011	0.012	0.012
针入度比,%	77.9	82.6	83.2	86.1
延度 5℃，cm	29.9	27.1	26.5	26.6

2.3.6 工艺配方的确定与优化

在稳定技术开发研究试验基础上，确定了稳定剂的加入量为0.3%，SBS的加入量为9%；由于12#样品的低温延度试验结果与预期技术要求仍有差距，为了改善成品沥青的低温性能，添加一定量的相容剂，加入量为4%~6%。

从研究数据来看，相容剂的加入显著改善改性沥青的低温特性，软化点也有一定增加，离析试验结果更为理想。当相容剂的加入量在5%和6%时，产品满足交通部规范JTG F40—2004中I—A改性沥青的技术要求。具体数据见表2.3-6。

表2.3-6 相容剂对不同SBS加入量改性沥青性质影响

分析项目	12#	13#	14#	15#
SBS加入量,%	9	9	9	9
稳定剂加入量,%	0.3	0.3	0.3	0.3
相容剂加入量,%	—	4	5	6
针入度25℃，0.1mm	76.4	98.7	109.6	120.4
软化点,℃	89.0	87.8	88.3	89.9
延度5℃，cm	45.8	78.3	82.5	90.8
黏度135℃，Pa·s	2.48	2.07	1.92	1.78
闪点,℃	>230	>230	>230	>230
溶解度,%	99.9	99.9	99.9	99.9
离析，软化点差,℃	1.6	0.8	0.9	0.5
弹性恢复25℃,%	100	100	100	100
PI	0.16	-0.29	-0.42	-0.56
RTFOT质量变化,%	0.012	0.011	0.012	0.012
针入度比,%	86.5	81.6	79.1	78.3
延度5℃，cm	26.8	56.9	63.1	70.4

2.4 样品的中试

根据13#、14#、15#试验室小样配方先后进行中试产品生产，试生产了3批严寒水工改性沥青样品分别是水工改性沥青1#、水工改性沥青3#、水工改性沥青5#。将这些样品由中国水利科学研究院实验室进行高温流淌试验及低温冻断试验等沥青混合料的综合性能试验。沥青指标和沥青混凝土冻断温度具体数据见表2.3-7。从试验结果表明3种沥青中试产品制备的沥青混凝土冻断温度分别达到-44.3℃、-44.3℃和-45.4℃，均满足≤-43℃的技术要求，其中水工改性沥青5#沥青混凝土冻断温度≤-45℃。

表 2.3－7　中试样品分析数据

试验指标	试验结果			试验方法
	1#	3#	5#	(JTJ 052—2000)
针入度 25℃，100g，5s，0.1mm	96	103	116	T0604—2000
针入度指数	－0.26	—	—	计算
延度 15℃，5cm/min，cm	＞150	＞150	＞150	T0605—1993
延度 5℃，5cm/min，cm	73.3	70.2	92.6	T0605—1993
软化点 $T_{R\&B}$（℃）	81.5	79.5	83.8	T0606—2000
蜡含量,%	1.7	1.8	1.8	T0615—2000
脆点,℃	－24	－25	－28	T0613—1993
溶解度,%	99.9	99.5		T0607—1993
运动粘度 135℃，Pa・S	2.225	2.18	2.1	T0625—2000
离析（℃）	0.6	0.3	0.5	T0661—2000
弹性回复,%	97	95	97	T0662—2000
闪点，（℃）	301	—	—	T0611—1993
RTFOT 后残留物				
质量损失,%	－0.13	－0.12	－0.12	T0610—2000
软化点升高,℃	2.6	2.2	2.6	T0606—2000
针入度比 25℃,%	80	80	81	T0605—1993
脆点,℃	－22	－22	－25	T0613—1993
延度 15℃，5cm/min，cm	135.4	138.1	140	T0608—1993
延度 5℃，5cm/min，cm	49.5	47.2	52.4	T0608—1993
沥青混凝土冻断温度	－44.3	－44.3	－45.4	DL/T5362—2006

2.5　改性沥青技术标准的调整及改性沥青生产方案的确定

根据改性沥青试生产过程中的样品性能测试，结合其他沥青厂家沥青样品性能测试，重点对沥青低温延度、脆点等指标和沥青混凝土冻断温度的相关性分析，对改性沥青生产技术标准进行了必要调整，对沥青脆点和低温延度要求提高。调整后的改性沥青生产技术标准见表 2.5－1。

依据中国水利科学研究院进行的沥青混合料试验结果，确定了工艺方案与配方的可靠性。为了进一步提高产品的低温性能，对配方进一步进行了优化，经过大量的实验研究，开发出极寒水工改性沥青，产品低温性能经中国水利科学研究院再次检测满足沥青混凝土冻断温度≤－45℃的技术要求，高温性能试验在 70℃条件下不流淌，产品胶体结构均匀稳定，离析试验满足要求。常规分析结果满足调整后的水工改性沥青技术要求。

表 2.5-1　水工改性沥青技术指标

<table>
<tr><th colspan="2">项　目</th><th>单位</th><th>质量指标</th><th>产品测试</th></tr>
<tr><td colspan="2">针入度（100g，5s，25℃）</td><td>1/10mm</td><td>100—140</td><td>119</td></tr>
<tr><td colspan="2">针入度指数 PI</td><td></td><td>≥-1.2</td><td>-0.92</td></tr>
<tr><td colspan="2">软化点（环球法）</td><td>℃</td><td>≥65</td><td>86</td></tr>
<tr><td colspan="2">延度（5cm/min，5℃）</td><td>cm</td><td>≥80</td><td>94.8</td></tr>
<tr><td colspan="2">延度（5cm/min，15℃）</td><td>cm</td><td>实测</td><td>>150</td></tr>
<tr><td colspan="2">运动粘度（135℃）</td><td>Pa. s</td><td>≤3</td><td>2.27</td></tr>
<tr><td colspan="2">脆点</td><td>℃</td><td>≤-28</td><td>-29</td></tr>
<tr><td colspan="2">闪点（开口法）</td><td>℃</td><td>≥230</td><td>298</td></tr>
<tr><td colspan="2">弹性恢复（25℃）</td><td>%</td><td>≥95</td><td>97</td></tr>
<tr><td colspan="2">离析，48h 软化点差</td><td>℃</td><td>≤2.5</td><td>0.2</td></tr>
<tr><td colspan="2">溶解度（三氯乙烯）</td><td>%</td><td>≥99.0</td><td>99.95</td></tr>
<tr><td colspan="2">蜡含量（裂解法）</td><td>%</td><td>实测</td><td>1.8</td></tr>
<tr><td rowspan="6">薄膜烘箱后</td><td>质量变化</td><td>%</td><td>≤1.0</td><td>-0.12</td></tr>
<tr><td>软化点升高</td><td>℃</td><td>实测</td><td>2.8</td></tr>
<tr><td>针入度比（25℃）</td><td>%</td><td>≥80</td><td>82</td></tr>
<tr><td>脆点</td><td>℃</td><td>≤-26</td><td>-27</td></tr>
<tr><td>延度（5cm/min，5℃）</td><td>cm</td><td>≥70</td><td>79.8</td></tr>
<tr><td>延度（5cm/min，15℃）</td><td>cm</td><td>实测</td><td>143</td></tr>
</table>

2.6　工业化生产与应用

2012 年 4 月，水工改性沥青开始在盘锦中油辽河沥青有限公司盘锦分厂生产，为呼和浩特抽水蓄能电站项目供货，进场后对产品进行抽样检验，产品各项指标全部合格。通过现场摊铺试验并对沥青混凝土进行性能测试，达到呼蓄设计要求，沥青混凝土冻断温度平均值达到≤-45℃的技术要求。7—11 月产品在呼蓄上水库沥青混凝土面板防渗层全面应用，2012 年累计生产销售 3278t，2013 年累计生产销售 3500t。施工过程中对水工改性沥青进行多频次质量检验，合格率 100%，产品质量稳定，使用效果非常理想。经过近 3 年的运行考验，效果良好。产品的性能稳定，具备大规模工业化生产的条件。

第 3 章　严寒地区沥青混凝土配合比优选试验研究

3.1　沥青混凝土配合比优选试验目标及基本路线

沥青混凝土配合比优选试验研究工作分三个阶段进行：室内沥青混凝土配合比优选试验；沥青混凝土现场设计配合比优选试验；沥青混凝土施工配合比优选试验。沥青混凝土配合比试验最终优选配合比的各项技术指标应满足设计要求，并应有良好的施工性能，且经济上合理。主要内容包括防渗层配合比、整平胶结层配合比、封闭层配合比等，其中防渗层的配合比优选试验研究工作是重中之重。

防渗层配合比试验研究工作目标是攻克防渗层低温冻断温度低于 -43℃的国际性难题，其基本路线是根据国内水工改性沥青产品现状及以往类似工程经验，通过室内试验研究优选出可供呼蓄电站上水库工程使用的改性沥青，然后基于"稳定骨架"配合比设计理念，即以级配骨料形成防止斜坡流淌的稳定骨架、以沥青胶浆形成骨架填充体为基础，进行防渗层配合比设计，以低温冻断值低于 -43℃作为主控指标，综合考虑抗裂、抗渗、抗弯等性能，进行防渗层配合比优化设计，实现防渗层沥青混凝土低温抗裂性能和其他性能的统一。

3.2　室内沥青混凝土配合比优选试验

3.2.1　防渗层沥青混凝土配合比优选试验

国内以往工程沥青混凝土配合比试验，大多以沥青混凝土孔隙率、斜坡流淌值、马歇尔稳定度和流值等指标对配合比进行优选，最终对优选配合比进行低温冻断、渗透、拉伸、弯曲等专项试验进行验证。呼蓄工程的技术难点是低温抗裂，沥青混凝土配合比试验首次以冻断温度为目标进行配合比优选。这是呼蓄工程沥青混凝土室内配合比试验的特点。

配合比优选试验拟采用盘锦中油辽河沥青有限公司3#水工改性沥青，以单参数作为变量，多水平试验，优选配合比参数取值。①以改性沥青优选所用配合比为基础，其他配比参数不变，改变矿料级配指数，通过试验确定最佳矿料级配指数；②改变矿粉含量，通过试验选择最佳矿粉含量；③改变沥青含量，通过试验确定最佳沥青含量；④改变天然砂和人工砂比例，选择合理的天然砂和人工砂掺配比例。最终选出最佳配合比。

（1）矿料级配选择

沥青含量（7.5%）、矿粉含量（12%）、天然砂和人工砂掺配比例（天然砂占总用砂量的40%）保持不变，级配指数改变，选取0.15、0.2、0.3和0.4，进行密度（孔隙率）、斜坡流淌值、冻断温度三项试验。配合比计算结果、沥青混凝土性能试验结果见表3.2-1、表3.2-2。

表3.2-1　矿料级配指数选择拟选配合比

配比编号	级配指数	筛孔（mm）										沥青含量%
		16	13.2	9.5	4.75	2.36	1.18	0.6	0.3	0.15	0.075	
		通过率（%）										
1	0.15	100	93.8	88.6	76.9	62.9	44.4	31.7	19.8	13.4	12.0	7.5
2	0.2	100	93.2	87.5	73.5	60.1	42.5	30.6	19.3	13.3	12.0	
3	0.3	100	91.9	85.1	66.8	54.4	38.9	28.4	18.5	13.1	12.0	
4	0.4	100	90.5	82.5	60.4	49.0	35.5	26.3	17.7	13.0	12.0	

表3.2-2　矿料级配指数选择试验结果

配比编号	配比参数	密度 g/cm³（空隙率%）	斜坡流淌值 mm	冻断试验结果				
					冻断应力 MPa		冻断温度℃	
				试件编号	个值	平均值	个值	平均值
1	级配指数 n=0.15 填料含量 F=12% 沥青含量 A=7.5%	2.45 （1.8）	0.287	1	3.15	2.98	-43.7	-44.3
				3	2.57		-43.3	
				4	3.23		-43.4	
				5	3.28		-47.0	
2	级配指数 n=0.2 填料含量 F=12% 沥青含量 A=7.5%	2.45 （1.5）	0.277	1	3.29	3.54	-43.5	-45.0
				2	3.67		-45.1	
				3	3.66		-46.4	
3	级配指数 n=0.3 填料含量 F=12% 沥青含量 A=7.5%	2.45 （0.7）	0.201	1	3.58	3.63	-43.9	-43.6
				2	3.77		-44.7	
				4	3.55		-42.3	

续表

配比编号	配比参数	密度 g/cm³（空隙率%）	斜坡流淌值 mm	冻断试验结果				
					冻断应力 MPa		冻断温度℃	
				试件编号	个值	平均值	个值	平均值
4	级配指数 n = 0.4 填料含量 F = 12% 沥青含量 A = 7.5%	2.46 (0.6)	0.339	1	3.20	3.28	-43.5	-44.2
				2	3.32		-45.6	
				3	3.31		-43.6	

试验结果表明，2#配合比冻断温度最低，冻断温度平均值达到 -45℃，所以最佳级配指数选取 0.2，以 2#配合比为基础，进行下一步试验；

（2）矿粉含量选择试验

级配指数（0.2）、沥青含量（7.5%）、天然砂和人工砂掺配比例（天然砂占总用砂量的 40%）保持不变，填料含量改变，选取 10%、11%、12% 和 13%，进行密度（孔隙率）、斜坡流淌值、冻断温度三项试验，配合比计算结果、试验结果见表 3.2-3、表 3.2-4。

表 3.2-3　矿粉含量选择拟选配合比

配比编号	级配指数	筛孔（mm）										沥青含量%
		16	13.2	9.5	4.75	2.36	1.18	0.6	0.3	0.15	0.075	
		通过率（%）										
9	0.2	100	93.0	87.2	72.9	59.2	41.2	29.0	17.5	11.3	10.0	7.5
10		100	93.1	87.4	73.2	59.6	41.9	29.8	18.4	12.3	11.0	
2		100	93.2	87.5	73.5	60.1	42.5	30.6	19.3	13.3	12.0	
11		100	95.3	87.7	73.8	60.6	43.2	31.4	20.3	14.3	13.0	

表 3.2-4　矿粉含量选择试验结果

配比编号	配比参数	密度 g/cm³（空隙率%）	斜坡流淌值 mm	冻断试验结果				
					冻断应力 MPa		冻断温度℃	
				试件编号	个值	平均值	个值	平均值
9	级配指数 n = 0.2 填料含量 F = 10% 沥青含量 A = 7.5%	2.45 (1.6)	0.167	1	2.30	2.56	-40.1	-40.7
				2	2.61		-40.0	
				3	2.76		-41.9	
10	级配指数 n = 0.2 填料含量 F = 11% 沥青含量 A = 7.5%	2.46 (1.7)	0.213	1	3.31	3.41	-44.0	-43.7
				2	3.39		-43.3	
				4	3.52		-43.7	
2	级配指数 n = 0.2 填料含量 F = 12% 沥青含量 A = 7.5%	2.45 (1.7)	0.277	1	3.29	3.54	-43.5	-45.0
				2	3.67		-45.1	
				3	3.66		-46.4	

续表

配比编号	配比参数	密度 g/cm³（空隙率%）	斜坡流淌值 mm	冻断试验结果				
					冻断应力 MPa		冻断温度℃	
				试件编号	个值	平均值	个值	平均值
11	级配指数 n = 0.2 填料含量 F = 13% 沥青含量 A = 7.5%	2.43 （2.3）	0.470	1	3.59	3.61	-45.1	-44.9
				2	3.71		-44.5	
				5	3.53		-45.2	

试验结果表明：2#配合比及 11#配合比冻断温度最低，所以最佳级配指数选取 0.2，最佳矿粉含量选取 12%、13%。继续选择以 2#配合比为基础，进行下一步试验。

（3）沥青含量选择试验

级配指数（0.2）、矿粉含量（12%）、天然砂和人工砂掺配比例（天然砂占总用砂量的 40%）保持不变，沥青含量改变，选取 6.9%、7.2%、7.5%、7.8% 和 8.1%，进行密度（孔隙率）、斜坡流淌值、冻断温度三项试验，配合比计算结果、试验结果见表 3.2-5、表 3.2-6。

表 3.2-5　沥青含量选择拟选配合比

配比编号	级配指数	筛孔（mm）										沥青含量%
		16	13.2	9.5	4.75	2.36	1.18	0.6	0.3	0.15	0.075	
		通过率（%）										
7	0.2	100	93.2	87.5	73.5	60.1	42.5	30.6	19.3	13.3	12.0	6.9
5												7.2
2												7.5
6												7.8
8												8.1

表 3.2-6　沥青含量选择试验结果

配比编号	配比参数	密度 g/cm³（空隙率%）	斜坡流淌值 mm	冻断试验结果				
					冻断应力 MPa		冻断温度℃	
				试件编号	个值	平均值	个值	平均值
7	级配指数 n = 0.2 填料含量 F = 12% 沥青含量 A = 6.9%	2.46 （1.7）	0.139	1	3.64	3.02	-44.8	-42.7
				3	2.26		-40.0	
				3	3.15		-43.3	
5	级配指数 n = 0.2 填料含量 F = 12% 沥青含量 A = 7.2%	2.45 （1.7）	0.338	3	2.89	3.30	-41.3	-43.1
				4	3.71		-45.2	
				8	3.29		-42.7	

续表

配比编号	配比参数	密度 g/cm³（空隙率%）	斜坡流淌值 mm	冻断试验结果				
					冻断应力 MPa		冻断温度℃	
				试件编号	个值	平均值	个值	平均值
2	级配指数 n = 0. 2 填料含量 F = 12% 沥青含量 A = 7. 5%	2. 45 （1. 5）	0. 277	1	3. 29	3. 54	-43. 5	-45. 0
				2	3. 67		-45. 1	
				3	3. 66		-46. 4	
6	级配指数 n = 0. 2 填料含量 F = 12% 沥青含量 A = 7. 8%	2. 43 （1. 6）	1. 080	2	2. 89	3. 00	-43. 3	-43. 9
				3	2. 64		-42. 5	
				5	3. 48		-46. 0	
8	级配指数 n = 0. 2 填料含量 F = 12% 沥青含量 A = 8. 1%	2. 42 （1. 8）	1. 692	1	3. 33	3. 37	-43. 3	-43. 6
				2	3. 34		-43. 5	
				3	3. 45		-44. 1	

试验结果表明：2#配合比冻断温度最低，所以最佳级配指数选取 0. 2，最佳矿粉含量选取 12%，最佳沥青含量选取 7. 5%。选择以 2#配合比为基础，进行下一步试验。

（4）天然砂含量选择试验

级配指数（0. 2）、矿粉含量（12%）、沥青含量（7. 5%）保持不变，天然砂和人工砂掺配比例（天然砂占总用砂量百分比）改变，选取 0%、20%、30%、40%和 50%，进行密度（孔隙率）、斜坡流淌值、冻断温度三项试验，配合比计算结果、试验结果见表 3. 2 -7、表 3. 2 -8。

表 3. 2 -7　天然砂含量选择拟选配合比

级配指数	配比编号	筛孔（mm）										沥青含量%
		16	13. 2	9. 5	4. 75	2. 36	1. 18	0. 6	0. 3	0. 15	0. 075	
		通过率（%）										
0. 2	2	100	93. 2	87. 5	73. 5	60. 1	42. 5	30. 6	19. 3	13. 3	12. 0	7. 5
		天然砂/（天然砂 + 人工砂） = 40%										
	12	100	93. 2	87. 5	73. 6	60. 4	42. 1	30. 2	19. 4	13. 4	12. 0	
		天然砂/（天然砂 + 人工砂） = 30%										
	13	100	93. 2	87. 5	73. 6	60. 7	41. 7	29. 8	19. 4	13. 5	12. 0	
		天然砂/（天然砂 + 人工砂） = 20%										
	14	100	93. 2	87. 5	73. 5	61. 3	40. 7	28. 9	19. 4	13. 6	12. 0	
		天然砂/（天然砂 + 人工砂） = 0%										
	15	100	93. 2	87. 5	73. 5	59. 8	42. 8	30. 9	19. 3	13. 2	12. 0	
		天然砂/（天然砂 + 人工砂） = 50%										

表 3.2－8　天然砂含量选择试验结果

配比编号	天然砂含量%	密度 g/cm^3（空隙率%）	斜坡流淌值 mm	冻断试验结果				
					冻断应力 MPa		冻断温度℃	
				试件编号	个值	平均值	个值	平均值
2	40	2.45	0.277	1	3.29	3.54	－43.5	－45.0
				2	3.67		－45.1	
				3	3.66		－46.4	
12	30	2.44	0.458	1	3.43	3.53	－40.9	－40.9
				2	3.16		－40.4	
				3	3.58		－41.4	
13	20	2.44	0.042	1	2.77	2.80	－39.8	－39.6
				2	2.50		－38.7	
				4	3.12		－40.2	
14	0	2.46	0.169	2	3.67	3.20	－41.2	－40.9
				3	3.12		－39.7	
				4	2.80		－41.8	
15	50	2.45	0.432	1	3.50	3.52	－41.4	－43.2
					3.65		－43.3	
				3	3.37		－42.5	
				4	3.58		－45.5	

试验结果表明：2#配合比冻断温度最低，所以最佳级配指数选取 0.2，最佳矿粉含量选取 12%，最佳沥青含量选取 7.5%，天然砂含量建议 40%。2#配合比为防渗层室内最佳配合比。防渗层室内推荐配合比见表 3.2－9。

表 3.2－9　防渗层沥青混凝土室内推荐配合比

配比编号	级配指数	筛孔（mm）										沥青含量%
		16	13.2	9.5	4.75	2.36	1.18	0.6	0.3	0.15	0.075	
		通过率（%）										
2	0.2	100	93.2	87.5	73.5	60.1	42.5	30.6	19.3	13.3	12.0	7.5

3.2.2　防渗层沥青混凝土全项性能试验

防渗层沥青混凝土配合比优选完成后，需要对沥青混凝土进行其他专项试验验证，包括：压缩试验、拉伸试验、弯曲试验。除了对优选出的盘锦中油辽河沥青有限公司的水工改性沥青 5#（呼蓄工程最终采用的沥青）进行全项性能试验外，还对备选的盘锦中油辽河沥青有限公司水工改性沥青 3#、中海油气利用公司的改性沥青 5#、中国水科院 SK-2、5#* 改性沥青等 4 种改性沥青进行沥青混凝土全项性能试验。结果见表 3.2－10。

表3.2-10　防渗层推荐配合比沥青混凝土全项性能试验结果

测试项目	单位	技术要求	盘锦改性沥青		中海改性沥青5#	水科院改性沥青	
			3#	5#		SK-2	5#*
密度	g/cm³	实测值	2.45	2.44	2.43	2.44	2.43
孔隙率	%	≤3	1.5	1.8	2.2	1.8	2.2
渗透系数	10-9cm/s	≤10	3.7	3.5	4.8	3.9	4.3
斜坡流淌值	mm	≤0.8	0.277	0.312	0.356	0.080	0.389
水稳定系数		≥0.90	0.99	0.98	0.94	0.97	0.95
冻断温度	℃	-45	-45.0	-45.4	-42.2	-46.6	-47.5
抗压强度	MPa	—	5.64	5.52	4.81	5.29	5.24
压缩应变	%	—	10.76	9.29	9.29	11.34	10.77
压缩模量	MPa	—	96.4	110.3	110.3	90.2	94.7
抗拉强度	MPa	—	2.02	1.37	1.59	1.32/	1.33
拉伸应变	%	≥1.0	1.27	1.23	1.57	2.45	1.96
拉伸模量	MPa	—	202.84	225.30	241.88	153.27	137.97
抗弯强度	MPa	—	2.16	2.36	1.16	2.07	2.03
弯拉应变	%	≥2.5	8.16	8.25	5.70	8.26	8.43
挠跨比	%	—	6.6	6.8	4.7	6.28	6.9
弯曲模量	MPa	—	60.6	65.4	69.5	51.3	53.8

根据试验结果，呼蓄工程防渗层所用改性沥青优先推荐盘锦中油辽河沥青有限公司生产的水工改性沥青5#。中国水利水电科学研究院5#＊型改性沥青、中国水科院SK-2改性沥青可作为备用沥青。

3.2.3　整平胶结层沥青混凝土配合比优选

整平胶结层沥青混凝土配合比试验采用辽河石化分公司生产的SG90普通沥青，与防渗层沥青混凝土配合比试验类似，不同的是整平胶结层沥青混凝土配合比以沥青混凝土孔隙率为重点考虑对象。整平胶结层沥青混凝土室内优选配合比见表3.2-11，各项指标试验结果见表3.2-12。

表3.2-11　整平胶结层沥青混凝土推荐配合比

配比编号	填料含量%	级配指数	筛孔孔径（mm）											沥青含量%
			19	16	13.2	9.5	4.75	2.36	1.2	0.6	0.13	0.15	0.075	
			通过率（%）											
14	7.0	0.7	100	92.2	75.0	65.8	37.3	29.2	20.8	15.4	10.4	7.6	7.0	4.3
15														4.6

表3.2-12　整平胶结层沥青混凝土全项指标试验结果

测试项目	单位	技术要求	SG90#	
			14#配比	15#配比
密度	g/cm³	实测值	2.31	2.30

续表

测试项目	单位	技术要求	SG90#	
			14#配比	15#配比
孔隙率	%	10 ~15	11.3	11.1
渗透系数	10^{-4}cm/s	实测值	2.3	0.8
斜坡流淌值	mm	≤0.8	0.000	0.034
水稳定系数		≥0.85	0.93	0.96
热稳定系数		≤4.5	3.1	3.0
抗压强度	MPa	—	4.82	5.05
压缩应变	%	—	2.66	2.68
压缩模量	MPa	—	244.6	249.4

整平胶结层沥青混凝土全项指标试验结果表明孔隙率、斜坡流淌值、水稳定系数、热稳定系数等均满足设计要求。

3.2.4 封闭层沥青玛蹄脂配合比优选

在进行封闭层沥青玛蹄脂配合比试验时，沥青采用盘锦中油辽河改性沥青有限公司水工改性沥青 1#、水工改性沥青 3#、水工改性沥青 5#、水工改性沥青 5# *、中海油气利用公司改性沥青 1#、中国水利水电科学研究院 SK-2 型改性沥青。沥青玛蹄脂各项指标满足设计要求，推荐用于封闭层沥青。考虑封闭层所用沥青和防渗层所用沥青应相同的原则。封闭层改性沥青选择盘锦中油辽河沥青有限公司水工改性 5#（和防渗层沥青相同）。

选取了 4 个配合比进行试验。沥青：填料 =4.0∶6.0、3.7∶6.3、3.5∶6.5、3.3∶6.7。其中，沥青：填料 =4.0∶6.0、3.7∶6.3、3.5∶6.5 等 3 个配比，黏稠度适中，便于涂刷。沥青：填料 =3.3∶6.7 的沥青玛蹄脂比较黏稠不便涂刷。优选沥青玛蹄脂配合比原则是从技术经济方面综合考虑，在既满足沥青玛蹄脂各项设计技术指标，又便于涂刷的条件下，选择沥青用量少的配合比。根据此原则封闭层沥青玛蹄脂配合比优先选择沥青∶填料 =3.5∶6.5。

3.3 现场沥青混凝土配合比优选试验

现场沥青混凝土配合比试验是以室内配合比试验推荐的配合比为基础，重点结合沥青含量和填料含量的容许波动范围安排沥青混凝土配合比试验方案，对沥青混凝土性能进行敏感性分析，必要时对沥青混凝土配合比进行调整。

以往沥青混凝土防渗面板工程，防渗层沥青混凝土配合比设计一般惯用较小的骨料级配指数以保证其防渗性能。呼蓄工程现场防渗层沥青混凝土配合比试验采用了较大的级配指数（0.35～0.5），这样粗骨料相对较多，细骨料较少，骨料间咬合效果更好，由于骨料比表面积减小，可以少用沥青，有利于防渗层斜坡热稳定性。这是呼蓄工程现场防渗层沥青混凝土配合比试验的特点。

工地现场使用的原材料相比室内配合比优选阶段可能会发生一些变化，一方面，本阶段原材料基本确定，矿料已经按照供应要求分级成品生产。因此在原材料到位的情况下，工地试验室应在室内配合比优选的基础上，采用进场原材料进行配合比复合及调整试验，优选出能满足设计要求的防渗层（加厚层）沥青混凝土配合比。本次试验采用水科院水工改性沥青5#＊改性沥青进行防渗层（加厚层）配合比优化试验，采用盘锦中油辽河沥青有限公司水工改性沥青5#进行了对比试验。

3.3.1　原材料试验

（1）矿料试验

呼蓄电站沥青混凝土矿料料源相对于室内配合比阶段没有变化，只是此阶段矿料生产已经定型化（专为沥青混凝土施工生产），矿料被分为4级，各级骨料生产相对稳定。矿料性能试验结果见表3.3－1～表3.3－4。

表3.3－1　粗骨料性能测试结果

序号	项目	单位	技术要求	测试值		
				10～16mm	4.75～10mm	2.36～4.75mm
1	表观密度	g/cm³	≥2.6	2.81	2.81	2.82
2	与沥青黏附性	级	≥4	5		/
3	针片状颗粒含量	%	≤25	2.75	3.13	/
4	压碎值	%	≤30	15.2		/
5	吸水率	%	≤2	0.5	0.7	0.9
6	含泥量	%	≤0.5	0.3	0.4	0.4
7	耐久性	%	≤12	1.8		
8	骨料酸碱性	—	碱性岩石	碱性岩石		
9	超径	%	<5	0	0	1.6
10	逊径	%	<10	16.6	4.7	0

表3.3－2　细骨料性能测试结果

序号	项目	单位	人工砂		天然砂	
			技术要求	测试值	技术要求	测试值
1	表观密度	g/cm³	≥2.55	2.82	≥2.55	2.70
2	吸水率	%	≤2	1.6	≤2	1.2
3	水稳定等级	级	≥6	10	≥6	6

续表

序号	项目	单位	人工砂		天然砂	
			技术要求	测试值	技术要求	测试值
4	耐久性	%	≤15	3.0	≤15	3.4
5	有机质及泥土含量	%	0	—	≤2	1.5
6	石粉含量	%	<5	13.8	0	—
7	轻物质含量	%	0	—	<1	0.4
8	超径	%	<5	5.3	<5	28.2

表 3.3-3　填料性能测试结果

序号	项目		单位	技术要求	测试值
1	表观密度		g/cm^3	≥2.5	2.82
2	亲水系数		—	≤1.0	0.80
3	含水率		%	≤0.5	0.4
4	细度	<0.6mm	%	100	100
		<0.15mm	%	>90	100
		<0.075mm	%	>85	99.3

表 3.3-4　矿料筛分结果（通过率，%）

筛孔孔径（mm）	19	16	13.2	9.5	4.75	2.36	1.18	0.6	0.3	0.15	0.075
10~16	100	100	65.9	16.6	0	0	0	0	0	0	0
4.75~10	100	100	100	100	4.7	0	0	0	0	0	0
2.36~4.75	100	100	100	100	98.4	0	0	0	0	0	0
人工砂	100	100	100	100	100	94.7	70.9	51.0	33.4	25.4	13.8
天然砂	100	100	99.3	95.8	86.1	71.8	55.7	37.4	12.6	4.4	0.9
矿粉	100	100	100	100	100	100	100	100	100	100	99.3

从检测结果看：

矿料的各项性能和配合比优选阶段变化不大，只是各级矿料级配有些变动。

人工砂中的石粉含量较高。呼蓄工程拌和站具有二级除尘装置，可以将人工砂中的部分石粉除掉。施工过程中石粉含量高未对沥青混凝土拌和质量有明显影响。

（2）水工改性沥青

进场的盘锦中油辽河沥青有限公司水工改性沥青5#检测结果见表3.3-5。作为一项技术储备，对水工改性沥青5#在现场利用现场改性沥青生产设备生产再改性生产水工改性沥青5#*，样品检测结果也列入表3.3-5。

表3.3－5　水工改性沥青检测结果

序号	项目		单位	质量指标	水工改性沥青5#	水工改性沥青5#*
1	针入度（25℃，100g，5s）		1/10mm	>100	118	121
2	针入度指数PI		—	≥－1.2	3.9	2.1
3	延度（5℃，5cm/min）		cm	≥70	80	74
4	延度（15℃，5cm/min）		cm	实测	85	79
5	软化点（环球法）		℃	≥45	65	66
6	运动粘度（135℃）		Pa·s	≤3	1.803	1.852
7	脆点		℃	≤－22	－25	－26
8	闪点（开口法）		℃	≥230	282	280
9	密度（25℃）		g/cm^3	实测	1.000	1.003
10	溶解度（三氯乙烯）		%	≥99	99.8	99.8
11	弹性恢复（25℃）		%	≥55	99	99
12	离析，48h软化点差		℃	≤2.5	0.2	0.4
13	基质沥青含蜡量（裂解法）		%	≤2	1.4	1.4
14	薄膜烘箱后	质量变化	%	≤1.0	－0.5	－0.5
15		软化点升高	℃	≤5	－3.5	－4.5
16		针入度比（25℃）	%	≥50	107	109
17		脆点	℃	≤－19	<－28	－28
18		延度（5℃，5cm/min）	cm	≥30	80	65
19		延度（15℃，5cm/min）	cm	实测	70	69

试验结果表明，两种水工改性沥青均满足设计质量指标。

3.3.2　防渗层现场设计配合比优选试验

本试验的基准配合比以表3.2－9防渗层沥青混凝土室内推荐配合比“2#配合比”为基础，根据实际矿料级配情况优化得到合成级配，同时通过试拌碾压等试验，根据试验情况对沥青含量进行了适当调整。基准配合比见表3.3－6。在此基础上，根据项目“技术条款”中的敏感性试验要求，拟定出了现场试验室配合比试验方案，见表3.3－7。

表3.3－6　基准配合比

编号	各筛孔（mm）通过率（%）										沥青含量%
	16	13.2	9.5	4.75	2.36	1.18	0.6	0.3	0.15	0.075	
室内推荐	100	93.2	87.5	73.5	60.1	42.5	30.6	19.3	13.3	12.0	7.5
基准配合比	100	95.1	86.7	67.8	55.0	41.0	30.0	19.4	15.5	12.0	7.3

表3.3－7　防渗层配合比调整（一）

编号	各筛孔（mm）通过率（%）										沥青%
	16	13.2	9.5	4.75	2.36	1.18	0.6	0.3	0.15	0.075	
1	100	95.1	86.7	67.8	55.0	41.0	30.0	19.4	15.5	12.0	7.3

续表

编号	各筛孔（mm）通过率（%）										沥青%
	16	13.2	9.5	4.75	2.36	1.18	0.6	0.3	0.15	0.075	
2	100	100	91.7	72.8	60.0	43.0	32.0	21.4	16.5	13.0	7.3
3	100	90.1	81.7	62.8	50.0	39.0	28.0	17.4	14.5	11.0	7.3
4	100	95.1	86.7	67.8	55.0	41.0	30.0	19.4	15.5	12.0	7.0
5	100	95.1	86.7	67.8	55.0	41.0	30.0	19.4	15.5	12.0	7.6

表3.3－7中将表3.3－6中的基准配合比作为1#配合比，按照敏感性试验要求拟定了其他4组配合比。首先进行各组配合比的孔隙率、渗透系数和斜坡流淌值试验，试验结果见表3.3－8。

表3.3－8　各组配合比试验结果（一）

配合比编号	1	2	3	4	5	设计要求
最大密度 g/cm^3	2.46	2.46	2.46	2.48	2.45	—
密度 g/cm^3 排水法	2.44	2.45	2.43	2.45	2.42	实测
孔隙率（%）排水法	0.89	0.58	1.29	1.09	1.13	≤2.0
渗透系数 10^{-9}cm/s	不渗	不渗	不渗	不渗	不渗	≤ 1×10^{-8}
斜坡流淌值 /mm	1.83	1.22	1.36	1.00	1.77	≤ 0.8

从表3.3－8的试验结果看出，各组配合比的孔隙率和渗透系数都满足设计要求，孔隙率为0.58%～1.29%，渗透试验结果均为不渗。但是，各组配合比的斜坡流淌值为1.00～1.83mm，不满足≤0.8mm的设计要求。为此增大骨料级配指数、降低填料含量，重新拟定新的基准配合比作为6#配合比，并以此为基础进行配合比敏感性试验，各组配合比见表3.3－9。

表3.3－9　防渗层配合比调整（二）

编号	各筛孔（mm）通过率（%）										沥青%
	16	13.2	9.5	4.75	2.36	1.18	0.6	0.3	0.15	0.075	
6	100	96.6	89.3	65.4	50.0	37.2	27.2	17.6	14.2	11.0	7.3
7	100	100	94.3	70.4	55.0	39.2	29.2	19.6	16.2	12.0	7.3
8	100	91.6	84.3	60.4	45.0	35.2	25.2	15.6	12.2	10.0	7.3
9	100	96.6	89.3	65.4	50.0	37.2	27.2	17.6	14.2	11.0	7.0
10	100	96.6	89.3	65.4	50.0	37.2	27.2	17.6	14.2	11.0	7.6

重新调整后的防渗层配合比进行各组配合比的孔隙率、渗透系数和斜坡流淌值试验，试验结果见表3.3－10，均满足设计要求。

表3.3－10　各组配合比试验结果（二）

配合比编号	6	7	8	9	10	设计要求
最大密度 g/cm^3	2.465	2.464	2.466	2.477	2.453	—

续表

配合比编号	6	7	8	9	10	设计要求
密度 g/cm^3　排水法	2.441	2.444	2.434	2.454	2.436	实测
孔隙率（%）　排水法	0.98	0.86	1.27	0.91	0.68	≤2.0
渗透系数 10^{-8}cm/s	不渗	不渗	不渗	不渗	不渗	$\leq 1\times10^{-8}$
斜坡流淌	0.27	0.60	0.48	0.34	0.65	≤0.8

试验结果表明，骨料级配指数增加至 0.4，细骨料率减小，骨料内部形成咬合骨架，对防渗层结构热稳定性有利。6#配合比的孔隙率、渗透系数及斜坡流淌值能满足设计要求，在配合比参数波动时，试验结果也能满足设计要求。6#配合比的全项性能检测结果完全满足设计要求，且其斜坡流淌值最小。据此推荐 6#配合比作为防渗层的现场室内设计配合比。并对 6#配合比采用 5#和 5#* 两种改性沥青进行了全项试验。结果见表 3.3－11。

表 3.3－11　6#配合比全项性能检测结果（采用 5#及 5#* 改性沥青）

序号	项目		单位	技术指标	检测结果	
					5#*	5#
1	密度		g/cm^3	实测	2.438	2.427
2	孔隙率		%	≤2（马歇尔）	0.98	1.41
				≤3（芯样）	—	—
3	渗透系数		cm/s	$\leq 1\times10^{-8}$	不渗	不渗
4	水稳定系数		—	≥0.9	0.96	0.95
5	斜坡流淌值（1∶1.75，70℃，48h）		mm	≤0.8	0.270	0.200
6	冻断温度		℃	≤－45℃（平均值）	－47.7	－44.8
				≤－43℃（最高值）	－45.8	－43.2
7	弯曲应变	2℃，变形速率 0.5mm/min	%	≥2.5	7.82	6.62
8	拉伸应变	2℃，变形速率 0.34mm/min	%	≥1.0	1.76	1.60
9	柔性试验（圆盘试验）	25℃	%	≥10（不漏水）	≥10（不漏水）	≥10（不漏水）
		2℃	%	≥2.5（不漏水）	≥2.5（不漏水）	≥2.5（不漏水）

推荐 6#配合比作为防渗层现场室内设计配合比，见表 3.3－12。防渗层场外摊铺试验将以表 3.3－12 为基准进行摊铺试验，并确定现场施工配合比。

表 3.3－12　防渗层现场设计配合比

编号	各筛孔（mm）通过率（%）										沥青%
	16	13.2	9.5	4.75	2.36	1.18	0.6	0.3	0.15	0.075	
6#	100	96.6	89.3	65.4	50.0	37.2	27.2	17.6	14.2	11.0	7.3

3.3.3 整平胶结层现场设计配合比优选试验

整平胶结层沥青混凝土现场设计配合比试验采用辽河石化分公司生产的SG90普通沥青，与防渗层沥青混凝土现场设计配合比试验类似，不同的是整平胶结层沥青混凝土配合比以沥青混凝土孔隙率为重点考虑对象。整平胶结层沥青混凝土室内优选配合比见表3.3－13，整平胶结层沥青混凝土全项指标试验结果见表3.3－14。

表3.3－13　整平胶结层沥青混凝土现场设计配合比

编号	筛孔（mm）											沥青%
	19	16	13.2	9.5	4.75	2.36	1.18	0.6	0.3	0.15	0.075	
6	100	90.1	70.3	60.0	30.0	23.1	16.6	12.0	8.8	7.0	6.5	4.0

表3.3－14　整平胶结层沥青混凝土全项指标试验结果

序号	项目	单位	技术要求	检测结果	备注
1	密度	g/cm^3	实测	2.29	满足要求
2	孔隙率	%	10%～15%	12.2	满足要求
3	渗透系数	cm/s	$1\times10^{-2}\sim1\times10^{-4}$	9.5×10^{-4}	满足要求
4	热稳定系数	－	≤4.5	4.2	满足要求
5	水稳定系数	－	≥0.85	0.90	满足要求
6	斜坡流淌值	mm	≤0.8	0.01	满足要求

3.4 沥青混凝土施工配合比优选试验

在工地试验室给出推荐的现场设计配合比以后，需要进行场外和场内摊铺试验，以确定沥青混凝土的施工工艺参数，并确定施工配合比。

3.4.1 场外摊铺试验

在正式施工前，先后进行了数次场外摊铺试验，包括整平胶结层平面摊铺试验、整平胶结层斜坡摊铺试验、防渗层平面摊铺试验、防渗层斜坡摊铺试验。总体情况如下：

（1）场外整平胶结层摊铺试验

① 平面摊铺试验

2011年9月15日进行了第一次整平胶结层的摊铺试验，整平胶结层沥青含量4.3%，具体配合比见表3.4－1。试验内容除了施工工艺参数确定、机械性能配套测试外，试验室对出机口的沥青混合料配合比及性能，各个条带及接缝上的芯样质量，现场无损质量检测都进行了检测。结果见表3.4－1～表3.4－4。

表 3.4－1　整平胶结层摊铺试验配合比及试验结果

试样	筛孔（mm）											沥青含量%	油石比%
	19	16	13.2	9.5	4.75	2.36	1.18	0.6	0.3	0.15	0.075		
目标值	100	92.2	75.0	65.8	37.3	29.2	20.8	15.4	10.4	7.6	7.0	4.30	4.50
第 1 条	100	89.8	74.4	69.8	42.0	29.1	22.3	17.7	13.3	10.0	8.8	4.40	4.60
第 2/3/4 条	100	90.9	73.8	63.9	37.5	26.4	18.3	13.7	9.4	7.2	6.5	4.12	4.30
芯样 3（冷缝）	100	95.6	76.5	69.9	43.5	30.5	23.1	18.1	13.0	9.8	8.5	6.27	6.69
芯样 8（热缝）	100	94.2	76.1	65.4	38.9	26.7	19.1	14.6	10.8	8.5	7.6	4.15	4.32
芯样 10（热缝）	100	94.6	79.9	71.6	42.2	27.9	19.7	15.2	11.4	8.9	8.0	4.68	4.91
芯样 13	100	95.3	75.2	67.2	40.7	29.8	23.2	18.2	13.1	9.8	8.6	4.20	4.38
芯样 19	100	94.9	81.9	72.1	43.0	30.0	20.9	15.9	11.4	8.9	8.0	4.37	4.56
芯样 23	100	90.5	75.4	63.8	39.6	28.3	20.4	15.6	11.4	8.8	8.0	4.64	4.87
芯样 26	100	92.8	78.8	67.4	39.6	26.4	19.8	16.2	12.8	10.1	9.0	4.40	4.60

表 3.4－2　混合料性能测试结果

试验项目		检测结果		规范要求值
		第 1 条带	第 2/3/4 条带	
最大密度 g/cm^3		2.582		
密度 g/cm^3	测试值	2.224　2.301　2.297	2.224　2.310　2.268 2.287　2.220　2.255 2.287　2.255　2.230 2.200　2.228　2.208	实测
	最大值	2.301	2.210	
	最小值	2.224	2.200	
	平均值	2.274	2.248	
空隙率 %	测试值	13.9　10.9　11.0	13.9　10.5　12.2 11.4　14.0　12.7 11.4　12.7　13.6 14.8　13.7　14.5	10～15
	最大值	13.9	14.8	
	最小值	10.9	10.5	
	平均值	11.9（3）	13.0（12）	
渗透系数 cm/s	测试值	3.4×10^{-3}　8.8×10^{-3} 2.0×10^{-3}	7.1×10^{-3}　8.9×10^{-3} 2.6×10^{-4}	10^{-2}～10^{-3}
	最大值	8.8×10^{-3}	8.9×10^{-3}	
	最小值	2.0×10^{-3}	2.6×10^{-4}	
	平均值	4.7×10^{-3}（3）	5.4×10^{-3}（3）	

续表

试验项目		检测结果		规范要求值
		第1条带	第2/3/4条带	
斜坡流淌值 mm	测试值	0.025　0.019　0.052　0.031		≤0.8
	最大值	0.052		
	最小值	0.019		
	平均值	0.032（4）		
热稳定系数		3.5（6）		≤4.5
水稳定系数		0.94（6）		≥0.85

表 3.4-3　芯样测试结果

试验项目		检测结果	规范要求值
密度 g/cm^3	第一条带测试值	2.439（1冷缝）　2.353（3冷缝） 2.382（13）　2.482（14） 2.464（16）	实测
	第二条带测试值	2.457（17）　2.434（18） 2.483（19）	
	第三条带测试值	2.468（20）　2.483（22） 2.431（23）	
	第四条带测试值	2.414（24）　2.438（26）	
	第一、二条带冷缝	2.362（4）　2.271（5） 2.287（6）	
	第二、三条带热缝	2.381（8）　2.431（9）	
	第三、四条带热缝	2.392（10）　2.419（12）	
孔隙率 %	第一条带测试值	5.5%（1）　8.9%（3） 7.8%（13）　6.0%（14） 4.6%（16）	10～15
	第二条带测试值	4.8%（17）　5.7%（18） 4.3%（19）	
	第三条带测试值	4.4%（20）　3.8%（22） 5.8%（23）	
	第四条带测试值	6.5%（24）　5.6%（26）	
	第一、二条带冷缝	8.5%（4）　12.0%（5） 11.4%（6）	
	第二、三条带热缝	7.8%（8）　5.9%（9）	
	第三、四条带热缝	7.4%（10）　6.3%（12）	
渗透系数 cm/s	测试值	4.2×10^{-3}　2.6×10^{-7}　2.6×10^{-7} 2.7×10^{-7}　2.5×10^{-7}　2.4×10^{-7} 1.3×10^{-6}　2.8×10^{-7}　2.3×10^{-7} 1.2×10^{-6}　2.5×10^{-7}　2.3×10^{-7}	10^{-2}～10^{-3}
	最大值	4.2×10^{-3}	
	最小值	2.8×10^{-7}	

表 3.4 –4　无损检测结果

试验项目		检测结果	规范要求值
密度 g/cm^3	第一条带测试值	2.450（1 冷缝）　2.368（3 冷缝） 2.402（13）　2.420（14） 2.467（16）	实测
	第二条带测试值	2.465（17）　2.422（18） 2.467（19）	
	第三条带测试值	2.468（20）　2.470（22） 2.420（23）	
	第四条带测试值	2.420（24）　2.422（26）	
	第一、二条带冷缝	2.367（4）　2.281（5） 2.283（6）	
	第二、三条带热缝	2.360（8）　2.421（9）	
	第三、四条带热缝	2.394（10）　2.409（12）	
孔隙率 %	第一条带测试值	5.1%（1）　8.3%（3） 7.0%（13）　6.3%（14） 4.4%（16）	10 ~ 15
	第二条带测试值	4.5%（17）　6.2%（18） 4.5%（19）	
	第三条带测试值	4.4%（20）　4.3%（22） 6.3%（23）	
	第四条带测试值	6.3%（24）　6.2%（26）	
	第一、二条带冷缝	8.3%（4）　11.7%（5） 11.6%（6）	
	第二、三条带热缝	8.6%（8）　6.2%（9）	
	第三、四条带热缝	7.3%（10）　6.7%（12）	

从检测结果可以看出，拌和站出料的沥青混凝土配合比稳定，满足配料精度要求。整平胶结层沥青混凝土的孔隙率整体偏小，渗透系数不满足设计要求。需通过调整沥青混合料的级配和沥青含量重新进行摊铺试验。

根据第一次摊铺试验暴露出的问题，实验室调整了整平胶结层的配合比参数。骨料变粗，沥青含量调整为 4.0%。调整后的整平胶结层配合比见表 3.4 –5。2011 年 10 月 2 日进行了第二次整平胶结层摊铺试验，检测结果如下：

表 3.4 –5　整平胶结层摊铺试验配合比及混合料试验结果

试样	筛孔（mm）											沥青含量%	油石比%
	19	16	13.2	9.5	4.75	2.36	1.18	0.6	0.3	0.15	0.075		
目标值	100	91.1	72.3	62.5	33.0	25.6	18.6	14.0	9.8	7.5	7.0	4.00	4.20
第 2/3 条	100	92.6	76.3	66.7	32.7	22.0	17.0	13.9	11.3	9.1	8.2	3.99	4.15
芯样 1（条带 2）	100	95.9	77.4	67.1	36.6	25.2	19.4	16.0	13.1	10.4	9.2	4.48	4.69

续表

试样	筛孔（mm）											沥青含量%	油石比%
	19	16	13.2	9.5	4.75	2.36	1.18	0.6	0.3	0.15	0.075		
芯样 5（热缝）	100	91.1	73.2	63.0	35.4	23.9	16.9	13.6	11.0	9.1	8.2	4.15	4.33
芯样 11（条带 3）	100	92.5	72.5	60.7	30.7	20.7	14.5	11.8	9.7	8.2	7.6	3.74	3.88

表 3.4-6　热混合料性能测试结果

试验项目		检测结果		规范要求值
		第 2 条带	第 3 条带	
最大密度 g/cm^3		2.603		
密度 g/cm^3	测试值	2.326　2.301　2.326	2.341　2.300　2.331	实测
	最大值	2.326	2.341	
	最小值	2.201	2.300	
	平均值	2.320	2.324	
空隙率%	测试值	10.7　11.3　10.6	10.1　11.6　10.5	10～15
	最大值	11.3	11.6	
	最小值	10.6	10.1	
	平均值	10.9（3）	10.7（3）	
渗透系数 cm/s	测试值	4.78×10^{-4} 1.71×10^{-3} 4.23×10^{-4}	3.56×10^{-4} 2.89×10^{-4} 1.63×10^{-3}	10^{-2}～10^{-3}
	最大值	1.71×10^{-3}	1.63×10^{-3}	
	最小值	4.23×10^{-4}	2.89×10^{-4}	
	平均值	8.71×10^{-4}（3）	7.58×10^{-3}（3）	
斜坡流淌值 mm	测试值	0.023　0.013　0.047　0.028		≤0.8
	最大值	0.047		
	最小值	0.013		
	平均值	0.029（4）		
热稳定系数		3.5（6）		≤4.5
水稳定系数		0.95（6）		≥0.85

表 3.4-7　芯样测试结果

试验项目		检测结果	规范要求值
密度	第二条带测试值	2.316（1）　2.341（2）　2.341（3）	实测
	第三条带测试值	2.394（9）　2.276（11）　2.304（12）	
	第二、三条带热缝	2.300（5）　2.214（6）　2.230（7）	
孔隙率	第二条带测试值	11.0%（1）　10.1%（2）　10.1%（3）	10～15
	第三条带测试值	8.0%（9）　12.6%（11）　11.5%（12）	
	第二、三条带热缝	11.6%（5）　14.9%（6）　14.3%（7）	

续表

试验项目		检测结果	规范要求值
渗透系数 cm/s	测试值	1.3×10^{-3}　2.7×10^{-3}　5.5×10^{-4}	$10^{-2}\sim10^{-3}$
	最大值	2.7×10^{-3}	
	最小值	5.5×10^{-4}	
	平均值	1.5×10^{-3}	

表 3.4－8　无损检测结果

试验项目		检测结果	规范要求值
密度	第二条带测试值	2.316（1）　2.341（2）　2.341（3）	实测
	第三条带测试值	2.394（9）　2.276（11）　2.304（12）	
	第二、三条带热缝	2.300（5）　2.214（6）　2.230（7）	
孔隙率	第二条带测试值	11.0%（1）　10.1%（2）　10.1%（3）	10～15
	第三条带测试值	8.0%（9）　12.6%（11）　11.5%（12）	
	第二、三条带热缝	11.6%（5）　14.9%（6）　14.3%（7）	

从检测结果可以看出，调整沥青混合料的级配和沥青含量后，沥青混合料质量和整平胶结层平面摊铺质量都能满足设计要求。该配比参数可以用于指导下一步的斜面摊铺试验。

② 斜面摊铺试验

2012 年 5 月 26 日、27 日采用平面摊铺试验推荐的整平胶结层配合比进行了场外整平胶结层斜坡摊铺试验。

摊铺试验生产沥青混合料约 95t，摊铺了三个斜坡条带，其中 5 月 26 日摊铺一个条带，5 月 27 日摊铺两个条带。

检测结果表明，部分条带孔隙率偏小，部分接缝孔隙率偏大。

2012 年 7 月 10、11 日，微调了骨料级配，进行了第二次整平胶结层场外斜坡摊铺试验，调整了施工碾压工艺。试验室对出机口前混合料及摊铺后的芯样进行试验检测，结果详见表 3.4－9～表 3.4－12。试验检测结果表明，出机口取料室内成型试件的检测结果均能满足设计技术要求，确定整平胶结层施工配合比见表3.4－9。

表 3.4－9　整平胶结层沥青混凝土施工配合比

	筛孔（mm）											沥青含量%
	19	16	13.2	9.5	4.75	2.36	1.18	0.6	0.3	0.15	0.075	
目标值	100	90.1	70.3	60.0	30.0	23.1	16.6	12.0	8.8	7.0	6.5	4.00

表 3.4－10　热混合料性能测试结果

试验项目	检测结果	规范要求值
最大密度 g/cm^3	2.642	

续表

试验项目		检测结果	规范要求值
密度 g/cm^3	测试值	2.299　2.2331　2.300	实测
	最大值	2.331	
	最小值	2.299	
	平均值	2.310	
孔隙率 %	测试值	13.0　11.8　13.0	10～15
	最大值	13.0	
	最小值	11.8	
	平均值	12.6	
渗透系数 cm/s	测试值	6.23×10^{-3}　3.33×10^{-3}　4.67×10^{-3}	$10^{-2}\sim10^{-4}$
	最大值	6.23×10^{-3}	
	最小值	3.33×10^{-3}	
	平均值	4.74×10^{-3}	
斜坡流淌值 mm	测试值	0.032　0.028　0.025　0.024	≤0.8
	最大值	0.032	
	最小值	0.024	
	平均值	0.027（4）	
热稳定系数		3.3	≤4.5
水稳定系数		0.95	≥0.85

表 3.4－11　芯样测试结果

试验项目		检测结果	规范要求值
密度 g/cm^3	7月10日	2.376（5）　2.345（6）　2.323（7）	实测
	7月12日	2.352（16）　2.377（17）　2.313（18） 2.376（19）　2.360（20）	
	冷缝	2.248（3）　2.121（4）	
孔隙率%	7月10日	10.1（5）　11.2（6）　12.1（7）	10～15
	7月12日	11.0（16）　10.0（17）　12.5（18） 10.1（19）　10.7（20）	
	冷缝	14.9（3）　14.3（4）	
渗透系数 cm/s	测试值	8.19×10^{-3}（4）　5.18×10^{-3}（6） 7.89×10^{-3}（16）	$10^{-2}\sim10^{-4}$
	最大值	4.19×10^{-2}（4）	
	最小值	5.18×10^{-3}（6）	

表 3.4－12　无损检测结果

试验项目		检测结果	规范要求值
密度 g/cm^3	7月10日	2.350（5）　2.318（6）　2.288（7）	实测
	7月12日	2.322（16）　2.351（17）　2.281（18） 2.353（19）　2.350（20）	
	冷缝	2.238（3）　2.250（4）	

续表

试验项目		检测结果	规范要求值
孔隙率%	7 月 10 日	10.3（5）　11.5（6）　12.6（7）	10～15
	7 月 12 日	11.4（16）　10.2（17）　12.9（18） 10.1（19）　10.3（20）	
	冷缝	14.6（3）　14.1（4）	

（2）场外防渗层摊铺试验

① 平面摊铺试验

2011 年 10 月 9 日进行了第一次防渗层平面摊铺试验，防渗层配合比采用现场设计配合比。沥青含量 7.3%，配合比详见表 3.4－13，沥青混合料性能检测和成品沥青混凝土各项性能检测结果见表 3.4－13～表 3.4－16。

表 3.4－13　防渗层摊铺试验配合比及混合料检测结果

试样	筛孔（mm）										沥青含量%	油石比%
	16	13.2	9.5	4.75	2.36	1.18	0.6	0.3	0.15	0.075		
目标值	100	96.8	87.5	68.5	55.1	45.6	35.0	22.2	15.3	12.0	7.30	7.90
第 4/5/6 条	100	95.6	87.9	72.3	54.8	42.6	32.3	19.7	13.4	11.7	7.25	7.82
芯样 13（条带 6）	100	96.7	87.9	72.5	56.4	46.2	37.3	25.2	18.6	13.7	7.27	7.84
芯样 6（条带 5）	100	95.8	88.2	75.7	59.5	47.3	37.3	25.5	17.6	13.8	7.08	7.63
芯样 1（条带 4）	100	98.5	87.7	68.8	55.3	45.3	26.0	19.3	12.7	11.3	7.07	7.62
芯样 10（条带 5、6 缝）	100	96.8	87.7	70.4	55.2	44.7	35.5	24.5	17.1	13.6	7.07	7.61
芯样 4（条带 4、5 缝）	100	96.5	86.3	69.0	52.5	41.6	32.9	22.6	15.7	13.3	7.06	7.60

表 3.4－14　混合料性能测试结果

试验项目		检测结果	规范要求值
		第 4/5/6 条带	
最大密度 g/cm^3		2.460	
密度 g/cm^3	测试值	2.437　2.437　2.433	实测
	最大值	2.437	
	最小值	2.433	
	平均值	2.436	
空隙率 %	测试值	0.95　0.95　1.09	＜3%
	最大值	1.09	
	最小值	0.95	
	平均值	0.99	
渗透系数 cm/s	测试值	不渗水 不渗水 不渗水	$\leqslant 10^{-8}$

续表

试验项目		检测结果	规范要求值
		第 4/5/6 条带	
斜坡流淌值 mm	测试值	0. 356　0. 730　0. 047	≤0. 8
	最大值	0. 730	
	最小值	0. 047	
	平均值	0. 378	
水稳定系数		0. 96（6）	≥0. 9
冻断温度℃	测试值	-45. 9　-43. 1　-46. 0	平均值≤-45. 0 个别值≤-43. 0
	最大值	-46. 0	
	最小值	-43. 1	
	平均值	-45. 0	

表 3. 4-15　芯样测试结果

试验项目		检测结果	规范要求值
密度 g/cm^3	第 4 条带测试值	2. 396（2）	实测
	第 5 条带测试值	2. 395（6）　2. 392（7）　2. 399（8） 2. 393（9）	
	第 6 条带测试值	2. 400（13）　2. 398（14）　2. 401（15） 2. 396（16）	
	第 4、5 条带缝	2. 382（4）　2. 397（5）	
	第 5、6 条带缝	2. 399（10）　2. 383（11）　2. 400（12）	
孔隙率 %	第 4 条带测试值	2. 61%（2）	<3%
	第 5 条带测试值	3. 17%（6）　2. 57%（7）　2. 66%（8） 2. 78%（9）	
	第 6 条带测试值	2. 45%（13）　2. 53%（14）　2. 39%（15） 2. 60%（16）	
	第 4、5 条带缝	3. 17%（4）　2. 57%（5）	
	第 5、6 条带缝	2. 49%（10）　3. 12%（11）　2. 45%（12）	
渗透系数 cm/s	测试值	不渗水　不渗水　不渗水 不渗水　不渗水　不渗水 1.5×10^{-8}	$\leq10^{-8}$
	最大值	1.5×10^{-8}	
	最小值	0	
	平均值	—	

表 3. 4-16　无损检测结果

试验项目		检测结果	规范要求值
密度 g/cm^3	第 4 条带测试值	2. 399（2）	实测
	第 5 条带测试值	2. 383（6）　2. 393（7）　2. 394（8）　2. 400（9）	
	第 6 条带测试值	2. 397（13）　2. 393（14）　2. 400（15）　2. 391（16）	
	第 4、5 条带缝	2. 385（4）　2. 396（5）	
	第 5、6 条带缝	2. 401（10）　2. 383（11）　2. 400（12）	

续表

试验项目		检测结果	规范要求值
孔隙率 %	第4条带测试值	2.48%（2）	<3%
	第5条带测试值	3.12%（6）　2.51%（7）　2.67%（8）　2.46%（9）	
	第6条带测试值	2.56%（13）　2.72%（14）　2.43%（15）　2.80%（16）	
	第4、5条带缝	3.06%（4）　2.61%（5）	
	第5、6条带缝	2.40%（10）　2.59%（11）　2.43%（12）	

检测结果可以看出防渗层试验段的各项指标都能满足设计要求，在满足防渗要求的同时，也能满足低温冻断的要求。平面配合比参数可以用于指导斜面摊铺试验。

② 斜面摊铺试验

2012年6月8、9日，采用平面摊铺试验推荐的防渗层配合比，开展了第一次防渗层场外斜面摊铺试验。检测结果表明防渗层沥青混合料配料稳定，性能合格，但芯样孔隙率合格率偏低，说明成品沥青混凝土质量合格率低。须调整施工工艺，进行二次斜坡摊铺。

鉴于第一次防渗层场外斜坡摊铺试验芯样合格率偏低，2012年7月4、5日，又进行了第二次场外防渗层斜坡摊铺试验，试验共摊铺了三个条带，检测结果见表3.4－17～表3.4－20。

表3.4－17　防渗层摊铺试验配合比及混合料检测结果

试样	筛孔（mm）										沥青含量%
	16	13.2	9.5	4.75	2.36	1.18	0.6	0.3	0.15	0.075	
目标值	100	96.6	89.3	65.4	50.0	37.2	27.2	17.6	14.2	11.0	7.30
合成级配	100	96.2	88.2	66.7	47.8	36.0	26.6	17.5	14.4	11.0	7.30
7月4日	100	96.1	84.9	64.6	48.6	38.6	30.2	20.2	15.6	10.8	7.00
7月5日	100	96.4	87.7	67.1	49.9	39.7	30.2	20.2	15.4	10.8	7.30
芯样21	100	98.4	89.5	70.3	51.9	41.1	31.8	21.1	16.4	11.8	7.38
芯样23	100	97.3	86.8	66.5	50.2	40.6	31.9	22.0	17.2	10.8	7.00

表3.4－18　热混合料性能测试结果

试验项目		检测结果		规范要求值
		7月4日	7月5日	
最大密度 g/cm^3		2.471		
密度　g/cm^3	测试值	2.460　2.456　2.452	2.451　2.446　2.454	实测
	最大值	2.460	2.454	
	最小值	2.452	2.446	
	平均值	2.456	2.450	

续表

试验项目		检测结果		规范要求值
		7 月 4 日	7 月 5 日	
孔隙率 %	测试值	0. 81　0. 97　1. 14	1. 17　1. 37　1. 06	<3%
	最大值	1. 14	1. 37	
	最小值	0. 81	1. 06	
	平均值	0. 97	1. 20	
渗透系数 cm/s	测试值	不渗水 不渗水 不渗水	不渗水 不渗水 不渗水	$\leqslant 10^{-8}$
斜坡流淌值 mm	测试值	0. 740　0. 549　0. 383　0. 596		≤0. 8
	最大值	0. 740		
	最小值	0. 383		
	平均值	0. 567		
水稳定系数		0. 95		≥0. 9

表 3. 4 – 19　芯样测试结果

试验项目		检测结果	规范要求值
密度 g/cm^3	第 1 条带	2. 421（10）　2. 422（11）　2. 403（12） 2. 425（13）　2. 417（14）　2. 405（15）	实测
	第 2 条带	2. 399（21）　2. 418（22）　2. 424（23） 2. 397（24）　2. 396（25）　2. 399（26）	
	第 1、2 条带热缝	2. 414（16）　2. 415（17）　2. 395（18） 2. 392（19）　2. 398（20）	
孔隙率 %	第 1 条带	2. 01%（10）　1. 98%（11）　2. 74%（12） 1. 86%（13）　2. 17（14）　2. 66（15）	<3%
	第 2 条带	2. 90%（21）　2. 13%（22）　1. 92%（23） 3. 00%（24）　3. 00%（25）　2. 90%（26）	
	第 1、2 条带热缝	2. 30%（16）　2. 25%（17）　3. 08%（18） 2. 88%（19）　2. 96%（20）	
渗透系数 cm/s	测试值	不渗水（10）　不渗水（21） 5.9×10^{-9}（18）	$\leqslant 10^{-8}$

表 3. 4 – 20　无损检测结果

试验项目		检测结果	规范要求值
密度 g/cm^3	第 1 条带	2. 420（10）　2. 440（11）　2. 420（12） 2. 426（13）　2. 416（14）　2. 394（15）	实测
	第 2 条带	2. 413（21）　2. 411（22）　2. 430（23） 2. 405（24）　2. 399（25）　2. 398（26）	
	第 1、2 条带热缝	2. 410（16）　2. 404（17）　2. 401（18） 2. 412（19）　2. 414（20）	

续表

试验项目		检测结果	规范要求值
孔隙率 %	第1条带	2.07%（10）　1.26%（11）　2.05%（12） 1.81%（13）　2.23（14）　3.10%（15）	<3%
	第2条带	2.36%（21）　2.44%（22）　1.68%（23） 2.65%（24）　2.92%（25）　2.94%（26）	
	第1、2条带热缝	2.47%（16）　2.71%（17）　2.84%（18） 2.39%（19）　2.31%（20）	
真空渗气	测试值	7月4日：不渗气　7月5日：不渗气　缝：不渗气	1min内无压力降

检测结果表明，出机口沥青混合料质量稳定，取料室内成型试件、芯样和无损检测结果均能满足设计要求，表明摊铺试验成功。

至此，防渗层沥青混凝土推荐施工配合比见表3.4－21。整平胶结层沥青混凝土推荐施工配合比见表3.4－22。

表3.4－21　防渗层摊铺试验配合比及混合料检测结果

试样	筛孔（mm）										沥青含量%
	16	13.2	9.5	4.75	2.36	1.18	0.6	0.3	0.15	0.075	
目标值	100	96.6	89.3	65.4	50.0	37.2	27.2	17.6	14.2	11.0	7.30

表3.4－22　整平胶结层沥青混凝土施工配合比

试样	筛孔（mm）											沥青含量%
	19	16	13.2	9.5	4.75	2.36	1.18	0.6	0.3	0.15	0.075	
目标值	100	90.1	70.3	60.0	30.0	23.1	16.6	12.0	8.8	7.0	6.5	4.00

3.4.2　场内摊铺试验

在场外摊铺试验结果的基础上，进行了场内摊铺试验，以在大规模施工前，对配合比和施工工艺参数进行确认。场内摊铺试验总体情况如下：

（1）场内整平胶结层摊铺试验

① 平面摊铺试验

场内整平胶结层平面摊铺试验进行了两次。2012年6月6、7日，进行了第一次整平胶结层场内平面摊铺试验。摊铺试验配合比采用场外摊铺试验推荐配合比。检测结果如下：

表3.4－23　整平胶结层摊铺试验配合比及混合料试验结果

试样	筛孔（mm）											沥青%
	19	16	13.2	9.5	4.75	2.36	1.18	0.6	0.3	0.15	0.075	
目标值	100	90.1	70.3	60.0	30.0	23.1	16.6	12.0	8.8	7.0	6.5	4.00

续表

试样	筛孔（mm）											沥青%
	19	16	13.2	9.5	4.75	2.36	1.18	0.6	0.3	0.15	0.075	
合成级配	99.8	88.0	72.6	58.6	30.8	21.3	16.2	13.1	10.3	8.9	6.5	4.00
6月6日	99.3	91.6	72.0	55.4	34.4	20.9	17.3	14.2	10.3	8.5	6.2	4.00
6月7日	100.0	87.6	67.8	52.9	31.4	20.1	16.4	13.7	10.4	8.5	5.6	3.78
芯样6	98.3	95.4	83.8	71.7	42.8	24.8	20.4	17.3	13.5	11.4	7.7	4.41
芯样9	100	93.7	75.4	59.5	36.0	22.7	18.0	14.7	11.1	9.4	6.9	4.25

表3.4－24　出机口混合料成型试件测试结果

试验项目		检测结果		规范要求值
		6月6日	6月7日	
最大密度 g/cm^3		2.627	2.633	
密度 g/cm^3	测试值	2.330　2.298　2.311	2.278　2.322　2.336	实测
	最大值	2.330	2.336	
	最小值	2.298	2.278	
	平均值	2.313	2.312	
孔隙率 %	测试值	11.3　12.5　12.0	13.5　11.8　11.3	10～15
	最大值	12.5	13.5	
	最小值	11.3	11.3	
	平均值	12.0	12.2	
渗透系数 cm/s	测试值	4.96×10^{-3}　5.67×10^{-3}　5.37×10^{-3}	5.58×10^{-3}　1.57×10^{-3}　1.53×10^{-3}	10^{-2}～10^{-4}
	最大值	5.67×10^{-3}	5.58×10^{-3}	
	最小值	4.96×10^{-3}	1.53×10^{-3}	
	平均值	5.33×10^{-3}（3）	2.89×10^{-3}	
斜坡流淌值 mm	测试值	0.000　0.011　0.013　0.018		≤0.8
	最大值	0.018		
	最小值	0.000		
	平均值	0.010（4）		
热稳定系数		3.3（6）		≤4.5
水稳定系数		0.95（6）		≥0.85

表3.4－25　芯样测试结果

试验项目		检测结果	规范要求值
密度	第一条带	2.411（1）　2.329（2）　2.318（3）　2.393（4）	实测
	第二条带	2.347（6）　2.283（7）	
	第一、二条带热缝	2.340（5）	
	第二、三条带冷缝	2.280（8）	
	第三条带	2.248（9）　2.380（10）　2.407（11）	

续表

试验项目		检测结果	规范要求值
孔隙率	第一条带	7.3（1）　10.4（2）　10.8（3） 8.0（4）	10～15
	第二条带	8.7（6）　12.2（7）	
	第一、二条带热缝	10.0（5）	
	第二、三条带冷缝	12.3（8）	
	第三条带	13.5（9）　8.5（10）7.4（11）	
渗透系数 cm/s	测试值	5.4×10^{-3}　2.14×10^{-2}　9.15×10^{-4}	$10^{-2}\sim10^{-4}$
	最大值	2.14×10^{-2}（7）	
	最小值	9.15×10^{-4}（11）	
	平均值	9.24×10^{-3}	

出机口沥青混合料配合比检测合格稳定，混合料室内成型试件的检测结果均满足设计要求，而且比较适中。但芯样检测结果 11 个芯样的孔隙率中有 5 个不满足要求，孔隙率最大值 13.5%，最小值 7.3%，主要是孔隙率偏小。随后对三个摊铺条带进一步追加取芯 31 个，并测试孔隙率值，结果见表 3.4－26。31 个芯样孔隙率检测值中，有 3 个不满足要求，其中最大值为 16.3%，最小值为 8.3%，平均值为 11.7%。

表 3.4－26　追加取芯测试结果

试验项目		检测结果	规范要求值
孔隙率 %	第一条带	14.1　14.9　15.0　12.5　15.0　14.1 11.3 10.5　14.2　10.8　12.4	10～15
	第二条带	8.5　10.8　16.3　11.8　11.4　10.0 11.3　11.1　11.6　10.2　11.5	
	第三条带	10.1　10.2　10.7　10.4　8.3　10.6 10.1　11.0　10.7	
	最大值	16.3	
	最小值	8.3	
	平均值	11.7	

芯样总体检测表明，芯样检测的孔隙率离散性较大，最小值为 7.3%，最大值为 16.3%，总合格率为 34/42＝81%，合格率偏低。表 3.4－27 中无损检测结果也表明孔隙率总体偏小。

表 3.4－27　无损检测结果

试验项目		检测结果	规范要求值
密度	第一条带	2.426（1）　2.347（2）　2.348（3） 2.425（4）	实测
	第二条带	2.376（6）　2.309（7）	
	第一、二条带热缝	2.327（5）	

续表

试验项目		检测结果	规范要求值
密度	第二、三条带冷缝	2.313（8）	实测
	第三条带	2.287（9） 2.411（10） 2.428（11）	
孔隙率	第一条带	7.7（1） 10.8（2） 10.7（3） 7.8（4）	10~15
	第二条带	9.7（6） 12.2（7）	
	第一、二条带热缝	11.5（5）	
	第二、三条带冷缝	12.0（8）	
	第三条带	13.0（9） 8.3（10） 7.7（11）	

鉴于第一次整平胶结层场内平面摊铺试验的孔隙率合格率偏低，分析其原因是：过分碾压，生产的各级骨料级配波动较大，人工砂石粉含量偏高且波动较大。在对骨料加工系统进行调整后，2012 年 6 月 30 日又进行了第二次整平胶结层场内平面摊铺试验，完成了一个条带的摊铺。检测结果见表 3.4－28～表 3.4－31。

表 3.4－28　整平胶结层摊铺试验配合比及混合料配合比试验结果

试样	筛孔（mm）											沥青%
	19	16	13.2	9.5	4.75	2.36	1.18	0.6	0.3	0.15	0.075	
目标值	100	90.1	70.3	60.0	30.0	23.1	16.6	12.0	8.8	7.0	6.5	4.00
合成级配	**99.5**	**89.3**	**72.5**	**57.3**	**33.1**	**21.3**	**15.7**	**12.2**	**9.0**	**7.7**	**6.5**	**4.00**
混合料	99.3	91.8	73.7	59.1	35.0	21.3	15.8	12.8	9.9	8.7	7.0	3.91
芯样 6	100	96.7	81.7	68.5	40.4	23.7	18.1	14.8	11.2	9.1	6.1	3.90
芯样 9	100	91.5	79.7	66.0	39.1	23.8	18.4	15.1	11.5	9.5	6.1	3.98

表 3.4－29　出机口取样室内成型试件性能测试结果

试验项目		检测结果	规范要求值
最大密度 g/cm^3		2.620	
密度　g/cm^3	测试值	2.257　2.286　2.293	实测
	最大值	2.293	
	最小值	2.257	
	平均值	2.279	
孔隙率 %	测试值	13.2　12.1　11.8	10~15
	最大值	13.2	
	最小值	11.8	
	平均值	12.4	
渗透系数 cm/s	测试值	1.63×10^{-3}　9.31×10^{-3}　4.83×10^{-3}	$10^{-2}\sim10^{-4}$
	最大值	9.31×10^{-3}	
	最小值	1.63×10^{-3}	
	平均值	5.26×10^{-3}	

续表

试验项目		检测结果	规范要求值
最大密度 g/cm³		2.620	
斜坡流淌值 mm	测试值	0.000　0.001　0.023　0.015	≤0.8
	最大值	0.023	
	最小值	0.000	
	平均值	0.010（4）	
热稳定系数		3.3	≤4.5
水稳定系数		0.95	≥0.85

表 3.4－30　芯样测试结果

试验项目		检测结果	规范要求值
密度 g/cm³	冷缝	2.284（1）　2.264（2）　2.269（3）	实测
	条带	2.277（4）　2.307（5）　2.322（6） 2.278（7）　2.278（8）　2.293（9）　2.299（10）	
孔隙率%	冷缝	12.8（1）　13.6（2）　13.4（3）	10～15
	条带	13.1（4）　12.1（5）　11.4（6）　13.0（7） 13.1（8）　12.5（9）　12.3（10）	
渗透系数 cm/s	测试值	9.97×10^{-3}（2）　3.49×10^{-3}（8） 2.64×10^{-3}（10）	10^{-2}～10^{-4}
	最大值	9.97×10^{-3}（8）	
	最小值	2.64×10^{-3}（2）	
	平均值	5.37×10^{-3}	

表 3.4－31　无损检测结果

试验项目		检测结果	规范要求值
密度 g/cm³	冷缝	2.292（1）　2.284（2）　2.285（3）	实测
	条带	2.281（4）　2.285（5）　2.351（6）　2.282（7） 2.291（8）　2.288（9）　2.291（10）	
孔隙率%	冷缝	12.5（1）　12.8（2）　12.8（3）	10～15
	条带	12.9（4）　12.8（5）　10.3（6）　12.9（7） 12.6（8）　12.6（9）　12.6（10）	

检测结果表明出机口前沥青混合料及其内成型试件的各项检测指标均能够满足设计要求，且测得值比较适中。摊铺碾压后取芯，所有芯样检测指标均能够满足设计要求，数值也适中。

② 斜坡摊铺试验

2012 年 8 月 2、3 日，进行了整平胶结层场内斜坡摊铺试验。实验室对出机口的沥青混合料、各个条带沥青混凝土及接缝上的芯样都进行了检测，检测结果见表

3.4－32～表3.4－35。

表3.4－32　整平胶结层摊铺试验配合比及混合料配比试验结果

试样	筛孔（mm）											沥青含量%	油石比%
	19	16	13.2	9.5	4.75	2.36	1.18	0.6	0.3	0.15	0.075		
目标值	100	90.1	70.3	60.0	30.0	23.1	16.6	12.0	8.8	7.0	6.5	4.00	4.20
合成级配	99.8	88.0	72.6	58.6	30.8	21.3	16.2	13.1	10.3	8.9	6.5	4.00	4.20
8月2日	100.0	91.4	75.3	62.3	33.6	21.7	17.2	14.0	10.5	9.1	7.2	4.16	4.34
8月3日	100.0	88.2	71.0	55.8	30.2	20.0	16.4	13.2	9.4	7.9	6.4	3.75	3.89

表3.4－33　热混合料性能测试结果

试验项目		检测结果		规范要求值
		8月2日	8月3日	
最大密度 g/cm^3		2.622	2.636	
密度　g/cm^3	测试值	2.321　2.355　2.312	2.308　2.332　2.315	实测
	最大值	2.355	2.332	
	最小值	2.312	2.308	
	平均值	2.329	2.318	
空隙率 %	测试值	11.5　10.2　11.8	12.4　11.5　12.2	10～15
	最大值	11.8	12.4	
	最小值	10.2	11.5	
	平均值	11.2	12.0	
渗透系数 cm/s	测试值	3.05×10^{-3}（1）　2.12×10^{-3}（2）　3.03×10^{-3}（3）		$10^{-2}\sim10^{-4}$
	最大值	3.05×10^{-3}		
	最小值	2.12×10^{-3}		
	平均值	2.74×10^{-3}		
斜坡流淌值 mm	测试值	0.030　0.026　0.023　0.039		≤0.8
	最大值	0.039		
	最小值	0.023		
	平均值	0.030		
热稳定系数		3.3		≤4.5
水稳定系数		0.95		≥0.85

表3.4－34　芯样测试结果

试验项目		检测结果	规范要求值
密度 g/cm^3	8月2日	2.302（1）　2.252（2）　2.263（3）　2.255（4）　2.354（5）　2.309（6）	实测
	8月3日	2.307（3＊）　2.250（4＊）	
	冷缝	2.255（1＊）　2.266（2＊）	
	热缝	2.263（5＊）　2.267（6＊）	

续表

试验项目		检测结果	规范要求值
孔隙率%	8 月 2 日	12.2（1）　14.1（2）　13.7（3）　14.0（4） 10.2（5）　11.9（6）	10 ~ 15
	8 月 3 日	12.0（3*）　14.2（4*）	
	冷缝	14.0（1*）　13.6（2*）	
	热缝	14.2（5*）　14.0（6*）	
渗透系数 cm/s	测试值	7.83×10^{-3}（5）　2.83×10^{-3}（6） 7.94×10^{-3}（1*）	$10^{-2}\sim10^{-4}$
	最大值	7.94×10^{-3}	
	最小值	2.83×10^{-3}	
	平均值	6.20×10^{-3}	

表 3.4－35　无损检测结果

试验项目		检测结果	规范要求值
密度 g/cm^3	8 月 2 日	2.296（1）　2.259（2）　2.261（3） 2.261（4）　2.337（5）　2.286（6）	实测
	8 月 3 日	2.305（3*）　2.227（4*）	
	冷缝	2.236（1*）　2.259（2*）	
	热缝	2.259（5*）　2.266（6*）	
	最大值	2.337	
	最小值	2.227	
	平均值	2.273	
孔隙率%	8 月 2 日	12.4（1）　13.8（2）　13.7（3） 13.7（4）　10.8（5）　12.8（6）	10 ~ 15
	8 月 3 日	12.0（3*）　15.0（4*）	
	冷缝	14.6（1*）　13.8（2*）	
	热缝	13.8（5*）　13.5（6*）	
	最大值	15	
	最小值	10.8	
	平均值	13.3	

从室内试验的检测结果可以看出，出机口混合料室内成型试件的孔隙率、渗透系数、热稳定系数、水稳定系数及斜坡流淌值均能满足设计要求。

对芯样的检测结果为：12 个芯样的孔隙率均满足设计要求。至此整平胶结层沥青混凝土施工配合比确定。

（2）场内防渗层摊铺试验

① 平面摊铺试验

2012 年 7 月 22 日进行了防渗层场内平面摊铺试验，试验中，实验室对出机口的沥青混合料、各个条带沥青混凝土及接缝上的芯样都进行了检测，检测结果见表

3.4－36～表3.4－39。

表3.4－36　沥青含量及矿料级配试验结果

试样	筛孔（mm）										沥青含量%	油石比%
	16	13.2	9.5	4.75	2.36	1.18	0.6	0.3	0.15	0.075		
目标值%	100	96.6	89.3	65.4	50	37.2	27.2	17.6	14.2	11.0	7.30	7.90
合成级配%	100	96.1	88.1	67.8	49.2	36.6	26.6	16.8	13.5	11.0	7.30	7.90
混合料%	100	96.6	85.1	63.1	46.8	36.7	29.1	20.1	16.0	11.4	7.32	7.90
芯样5	100	97.2	87.8	66.3	49.2	37.9	29.2	20.0	16.2	11.7	7.42	8.01
芯样6	100	95.4	87.0	65.4	48.9	38.5	30.4	21.3	17.2	12.1	6.96	7.48

表3.4－37　混合料测试结果

试验项目		检测结果	规范要求值
最大密度 g/cm^3		2.465	
密度　g/cm^3	测试值	2.438　2.433　2.426	实测
	最大值	2.438	
	最小值	2.426	
	平均值	2.432	
空隙率 %	测试值	1.11　1.29　1.56	<3%
	最大值	1.56	
	最小值	1.11	
	平均值	1.32	
渗透系数 cm/s	测试值	不渗水、不渗水、不渗水	≤10^{-8}
斜坡流淌值 mm	测试值	0.587　0.517　0.711　0.728	≤0.8
	最大值	0.728	
	最小值	0.517	
	平均值	0.636	
水稳定系数		0.95	≥0.9
冻断温度℃	测试值	－44.8　－45.7　－43.9	平均值≤－45.0 个别值≤－43.0
	最大值	－43.9	
	最小值	－45.7	
	平均值	－44.8	
弯曲应变%　（2℃，变形速率0.5mm/min）		6.26	≥2.5
拉伸应变%（2℃，变形速率0.34mm/min）		2.44	≥1.0
柔性试验（圆盘试验）%	25℃	≥10（不漏水）	≥10（不漏水）
	2℃	≥2.5（不漏水）	≥2.5（不漏水）

表 3.4－38 芯样测试结果

<table>
<tr><td colspan="2">试验项目</td><td>检测结果</td><td>规范
要求值</td></tr>
<tr><td rowspan="3">密度
g/cm³</td><td>1 条带</td><td>2.423（3）</td><td rowspan="3">实测</td></tr>
<tr><td>2 条带</td><td>2.432（4）　2.422（5）
2.441（6）　2.429（7）</td></tr>
<tr><td>缝</td><td>2.399（1）　2.421（2）</td></tr>
<tr><td rowspan="3">孔隙率 %</td><td>1 条带</td><td>1.71（3）</td><td rowspan="3"><3%</td></tr>
<tr><td>2 条带</td><td>1.34（12）　1.73（13）
0.96（14）　1.44（15）</td></tr>
<tr><td>缝</td><td>2.69（1）　1.77（2）</td></tr>
<tr><td>渗透系数 cm/s</td><td>测试值</td><td>不渗水（1）不渗水（2）不渗水（3）</td><td>≤10⁻⁸</td></tr>
<tr><td rowspan="4">斜坡流淌值 mm</td><td>测试值</td><td>4.620　5.600　4.580　7.500</td><td rowspan="4">≤0.8</td></tr>
<tr><td>最大值</td><td>7.500</td></tr>
<tr><td>最小值</td><td>4.580</td></tr>
<tr><td>平均值</td><td>5.575</td></tr>
<tr><td rowspan="4">冻断温度℃</td><td>测试值</td><td>－43.8　－44.6　－43.0</td><td rowspan="4">平均值≤
－45.0
个别值≤
－43.0</td></tr>
<tr><td>最大值</td><td>－43.0</td></tr>
<tr><td>最小值</td><td>－44.6</td></tr>
<tr><td>平均值</td><td>－43.8</td></tr>
<tr><td colspan="2">弯曲应变%（2℃，
变形速率 0.5mm/min）</td><td>6.17</td><td>≥2.5</td></tr>
<tr><td colspan="2">拉伸应变%（2℃，
变形速率 0.34mm/min）</td><td>2.03</td><td>≥1.0</td></tr>
</table>

表 3.4－39 无损检测结果

<table>
<tr><td colspan="2">试验项目</td><td>检测结果</td><td>规范要求值</td></tr>
<tr><td rowspan="3">核子密度
g/cm³</td><td>1 条带</td><td>2.450（3）</td><td rowspan="3">实测</td></tr>
<tr><td>2 条带</td><td>2.440（4）　2.433（5）
2.430（6）　2.418（7）</td></tr>
<tr><td>缝</td><td>2.396（1）　2.422（2）</td></tr>
<tr><td rowspan="3">孔隙率
%</td><td>1 条带</td><td>0.86（3）</td><td rowspan="3"><3%</td></tr>
<tr><td>2 条带</td><td>1.26（4）　1.55（5）
1.68（6）　2.15（7）</td></tr>
<tr><td>缝</td><td>2.78（1）　2.00（2）</td></tr>
<tr><td rowspan="3">渗气</td><td>1 条带</td><td>不渗</td><td rowspan="3">1min 内无
压力降</td></tr>
<tr><td>2 条带</td><td>不渗</td></tr>
<tr><td>缝</td><td>不渗</td></tr>
</table>

从室内试验的检测结果可以看出，出机口混合料室内成型试件的孔隙率和渗透系数均能满足设计要求，而且比较适中。冻断温度平均值为－44.8℃，满足设计要求（≤－43℃）。力学性能指标满足设计要求，柔性试验（圆盘试验）检测结果满

足设计要求。

对芯样的检测结果如下：7个芯样的孔隙率均满足设计要求，其中最大值2.69%，最小值0.96%；3个芯样的渗透系数，均满足设计要求。冻断试验结果及力学性能指标满足设计要求。

摊铺试验结果表明沥青混合料配比稳定，性能满足设计要求。

② 斜坡摊铺试验

2012年9月7日至9日，开展了防渗层场内斜面摊铺试验。检测结果见表3.4－40～表3.4－43。

表3.4－40　防渗层摊铺试验沥青混凝土配合比及混合料配比试验结果

试样	筛孔（mm）										沥青含量%
	16	13.2	9.5	4.75	2.36	1.18	0.6	0.3	0.15	0.075	
目标值	100	96.6	89.3	65.4	50.0	37.2	27.2	17.6	14.2	11.0	7.30
合成级配	100	96.1	88.1	67.8	49.2	36.6	26.6	16.8	13.5	11.0	7.30
9月7日	100	97.8	86.6	63.5	47.7	37.1	28.2	18.5	14.5	10.6	7.18
9月8日	100	95.7	85.0	63.6	47.7	36.9	28.3	18.6	14.6	10.9	7.02
9月9日	100	96.1	87.9	63.4	47.5	36.2	27.7	18.2	14.3	10.8	7.04
芯样23	100	98.0	88.8	65.8	49.0	37.8	29.1	19.3	15.3	11.3	7.03
芯样22	100	99.4	91.0	65.9	49.1	38.1	29.3	19.5	15.4	11.2	7.10
芯样19	100	96.4	86.1	63.9	47.8	37.3	28.8	19.2	15.2	10.8	6.92
芯样6	100	97.5	86.8	63.0	46.9	36.1	27.7	18.4	14.6	10.5	7.16
芯样15	100	97.3	84.6	61.8	46.2	35.7	27.3	17.9	14.2	10.7	6.85
芯样3	100	97.0	85.8	62.6	46.4	35.6	27.3	18.0	14.2	10.7	6.87

表3.4－41　出机口混合料成型试件测试结果

试验项目		检测结果			规范要求值
		9月7日	9月8日	9月9日	
最大密度 g/cm^3		2.475	2.477	2.471	实测
密度 g/cm^3	测试值	2.454　2.449　2.454	2.455　2.461　2.463	2.459　2.455　2.465	
	最大值	2.454	2.463	2.465	
	最小值	2.449	2.455	2.455	
	平均值	2.452	2.460	2.460	
孔隙率%	测试值	0.84　1.05　0.85	0.90　0.64　0.57	0.49　0.65　0.25	<3%
	最大值	1.05	0.89	0.49	
	最小值	0.84	0.65	0.25	
	平均值	0.91	0.76	0.46	
渗透系数 cm/s	测试值	不渗水 不渗水 不渗水			$\leq 1\times10^{-8}$

续表

试验项目		检测结果			规范要求值
		9 月 7 日	9 月 8 日	9 月 9 日	
斜坡流淌值 mm	测试值	0.173　0.090　0.277　0.208			≤0.8
	最大值	0.277			
	最小值	0.090			
	平均值	0.187			
水稳定系数		0.95			≥0.9
冻断温度 ℃	测试值	-46.7　-46.7　-44.1			平均值 ≤ -45.0 个别值 ≤ -43.0
	最大值	-46.7			
	最小值	-44.1			
	平均值	-45.8			
弯曲应变% 2℃，变形速率 0.5mm/min		6.96			≥2.5
拉伸应变% 2℃，变形速率 0.34mm/min		2.68			≥1.0
25℃柔性试验（圆盘试验）%		≥10（不漏水）			≥10（不漏水）
2℃柔性试验（圆盘试验）%		≥2.5（不漏水）			≥2.5（不漏水）

表 3.4-42　芯样测试结果

试验项目		检测结果	规范要求值
密度 g/cm^3	343 条带	2.417（1）　2.423（2）　2.448（3）　2.443（5）　2.447（10）　2.439（11）　2.407（15）	实测
	342 条带	2.449（16）　2.445（17）　2.433（18）　2.449（19）	
	341 条带	2.456（8）　2.477（9）　2.455（23）　2.441（24）　2.450（25）　2.445（26）	
	热缝	2.431（7）　2.446（20）　2.424（21）　2.448（22）	
	冷缝	2.429（6）　2.407（12）　2.432（13）　2.430（14）	
孔隙率%	343 条带	2.36（1）　2.11（2）　1.08（3）　1.29（5）　1.14（10）　1.47（11）　0.40（15）	<3%
	342 条带	1.04（16）　1.21（17）　1.70（18）　1.03（19）	
	341 条带	0.77（8）　1.13（9）　0.81（23）　1.38（24）　1.01（25）　1.20（26）	
	热缝	1.79（7）　1.17（20）　2.07（21）　1.10（22）	
	冷缝	1.87（6）　2.74（12）　2.14（13）　1.81（14）	

续表

试验项目		检测结果	规范要求值
渗透系数 cm/s	测试值	不渗水（1） 不渗水（17） 不渗水（8） 不渗水（7） 不渗水（20） 不渗水（21） 不渗水（12） 不渗水（13） 不渗水（14）	$\leqslant 10^{-8}$
冻断温度℃	测试值	-44.8 -43.8 -44.7	平均值 ≤-45.0 个别值 ≤-43.0
	最大值	-43.8	
	最小值	-44.8	
	平均值	-44.4	
弯曲应变% 2℃， 变形速率 0.5mm/min		3.54	≥2.5
拉伸应变% 2℃， 变形速率 0.34mm/min		3.26	≥1.0

表 3.4-43 无损检测结果

试验项目		检测结果	规范要求值
密度 g/cm^3	343 条带	2.420（1） 2.402（2） 2.417（3） 2.432（5）	修正值
	342 条带	/	
	341 条带	2.431（8） 2.440（9）	
	热缝	2.409（7）	
	冷缝	2.428（6）	
孔隙率%	343 条带	2.25（1） 2.98（2） 2.38（3） 1.77（5）	<3%
	342 条带	/	
	341 条带	1.80（8） 1.46（9）	
	热缝	2.69（7）	
	冷缝	1.96（6）	
渗气	343 条带	不渗	1min 内无压力降
	342 条带	不渗	
	341 条带	不渗	
	热缝	不渗	
	冷缝	不渗	

检测结果表明，出机口料各项指标均能满足设计要求。

至此，经过场内外摊铺试验，除了对施工设备调试、施工工艺流程及施工作业流程确定外，防渗层、整平胶结层沥青混凝土施工配合比最终确定。

整平胶结层沥青混凝土施工配合比见表 3.4-44，防渗层沥青混凝土施工配合比见表 3.4-45。

表3.4－44　整平胶结层沥青混凝土施工配合比

	筛孔（mm）											沥青%
	19	16	13.2	9.5	4.75	2.36	1.18	0.6	0.3	0.15	0.075	
目标值	100	90.1	70.3	60.0	30.0	23.1	16.6	12.0	8.8	7.0	6.5	4.00

表3.4－45　防渗层沥青混凝土施工配合比

	筛孔（mm）											沥青%
	19	16	13.2	9.5	4.75	2.36	1.18	0.6	0.3	0.15	0.075	
目标值	100	100	96.6	89.3	65.4	50	37.2	27.2	17.6	14.2	11.0	7.30

第4章　水工改性沥青技术指标及沥青混凝土面板技术要求

4.1　沥青混凝土面板设计冻断温度的确定

4.1.1　上水库水文气象条件

呼和浩特抽水蓄能电站属于中温带季风亚干旱气候区，具有冬长夏短、寒暑变化急剧的特征。冬季可长达5个月，漫长而严寒。据呼和浩特、武川县气象站实测资料统计，极端最低气温分别为－32.8℃和－37.0℃，冻土期也长达5个月。夏季短暂，但极端最高气温可达38.5℃（呼和浩特1999年7月27日观测值）。无论是气温的年温差还是日温差都比较大，冷热变化剧烈，由此增加了早晚霜冻的机会。

呼和浩特抽水蓄能电站多年平均相对湿度55%；年降水量较少，一般为300～400mm。降水的季节分配极不均匀，主要集中在夏季，6至9月降水约占年降水量的70%以上；冬季降水极少，12月、1月和2月为年内降水最少月，月降水量一般都在10mm以下，冬季降水约占年降水量的5%以下。降水的年际变化也很大，蒸发受气温和风力的影响，春、夏季蒸发量大，冬季蒸发量小。流域降水量远远小于蒸发量。

呼和浩特抽水蓄能电站大风和风沙天气较多，据呼和浩特和武川县气象站资料统计，多年平均风速分别为1.9m/s和3.3m/s，最大风速分别为20.0m/s和23.7m/s。春季干旱少雨，冷空气活动频繁，一经强风吹刮，易于形成风沙天气。流域内日照充足。上水库气象要素统计见表4.1－1。上水库极端最高气温为35.1℃，极端最低气温－41.8℃，多年平均水面蒸发量1883.6mm，多年平均降水量428.2mm，冻土深度为284cm。

表 4.1-1　呼和浩特抽水蓄能电站上水库气象要素统计

项目		1月	2月	3月	4月	5月	6月	7月	8月	9月	10月	11月	12月	年统计
气温（°C）	平均气温	-15.7	-12.6	-5.9	2.3	9.1	13.8	16.9	14.7	8.7	2.1	-6.8	-13.8	1.1
	平均最高气温	-11.1	-8.0	-1.4	7.3	14.3	18.5	19.9	18.3	12.8	6.1	-5.7	-9.6	19.9
	平均最低气温	-21.0	-18.3	-10.4	-1.5	3.8	8.8	11.9	10.7	4.3	-2.8	-11.8	-19.7	-21.0
	极端最高气温	9.3	11.1	17.3	25.2	28.1	31.2	35.1	30.2	28.0	21.9	14.9	10.3	35.1
	极端最低气温	-41.8	-39.3	-32.2	-23.1	-13.8	-7.9	0.7	-4.7	-10.7	-22.2	-35.2	-38.7	-41.8
湿度（%）	平均相对湿度	61	57	49	40	40	48	63	68	61	58	58	62	55.4
	最小相对湿度	1	1	0	0	0	3	8	6	6	0	1	0	0
	日期/年份	12/1975	24/1977	28/1984				11/1966	19/1972	27/1972	31/1993	13/1980	1/1968	
风（m/s）	平均风速	2.6	2.9	3.6	4.4	4.3	3.8	3.1	2.8	2.9	3.1	3.2	2.8	3.3
	最大风速	23.0	21.0	23.0	23.3	21.0	20.0	18.0	19.0	20.0	20.3	22.0	23.7	23.7
	相应风向	WNW	NW，WNW	NNW	WNW	SW	SSW	SSW	SW	WNW	NW	W	W	W
	相应年份	21/1976	11/1974	8/1977	9/1975	14/1976	3/1989	20/1985	28/1981	27/1972	26/1972	22/1974	15/1972	15/12/1972
降水和蒸发	降水量（mm）	2.0	6.5	10.7	7.3	19.5	51.9	122.8	134.0	45.9	20.9	4.4	2.4	428.2
	蒸发量（mm）	32.2	49.0	111.3	229.1	290.9	302.9	239.3	199.5	174.9	140.8	71.8	42.1	1883.6
降水日数（天）	P>0.5mm	2.0	3.1	4.5	3.6	5.0	7.4	10.4	10.3	6.3	3.4	2.8	2.3	61.1
	P>5mm		0.4	0.7	1.1	2.5	4.1	5.8	6.5	3.4	1.3	0.3		26.1
	P>10mm			0.3	0.3	1.2	2.5	3.5	3.3	1.1	0.5	0.1		12.8
	P>25mm					0.1	0.3	0.8	0.9	0.3				2.4
	P>50mm							0.1	0.4	0.1				0.6
天气	雾日数（天）	0.4	0.5	0.5	0.3	0.2	0.2	0.5	0.7	0.5	0.4	0.4	0.4	5.0
	冰雹日数（天）				0.1		0.6	0.4	0.6	0.9				2.6
冻土	最大冻土深(cm)	207	262	284	284	272	232			6	22.0	91	161	284
	日期/年份	31/1983	2天/1984	3天/1984	4天/1984	2天/1984	3天/1977			29/1985	30/1986	30/1969	31/1969	

上水库冬季负气温指数约为1360℃·d。根据电站运行的要求，考虑呼和浩特抽水蓄能电站在正常抽水-发电工况下为单循环，即上、下水库每天水位的涨落次数按一次计，由此得到呼和浩特抽水蓄能电站年冻融循环次数为140次。

上水库工程正常运用200年一遇洪水标准对应的最大24h降水量为341mm，非常运用1000年一遇洪水标准对应的最大24h降水量为457mm。

4.1.2 上水库极端最低气温分析

呼和浩特抽水蓄能电站上水库位于内蒙古自治区哈拉沁沟下游大青山主峰料木山的东侧，通过收集大量气温资料推算上水库极端最低气温。

综合分析专用气象站实测低温资料和两种修正法计算的极端最低气温资料，专用气象站测得的极端最低气温为-50℃，采用高程修正法推算的上水库极端最低气温为-41.8℃，采用纬度修正法推算的上水库极端最低气温为-40.8℃。经综合各种因素研究认为，专用气象站测得的极端最低气温属观测错误，不能采用；高程修正法是总结呼和浩特和武川气象站多年实测资料推算的该地区气温变化规律计算而得，能够反映大青山哈拉沁沟的气温随高程变化的规律，因此呼和浩特抽水蓄能电站推荐采用高程修正法的推算成果，上水库极端最低气温为-41.8℃。见表4.1-2。

目前国内各规范中均没有如何推算100年以来极端最低气温的计算方法，本研究采用日本抽水蓄能电站常用的确定极端最低气温的方法，假定极端最低气温符合P-Ⅲ型曲线的正态分布。根据上水库1959—2010年极端最低气温系列，进行频率计算。在52年连续系列中，按大小次序排列的第m项经验频率用数学期望公式：Pm = m ÷ 48 × 100%计算。频率分布曲线采用P-Ⅲ型，采用均值、变差系数（Cv）和偏态系数（Cs）三个统计参数表示。其中均值采用计算值，Cv先用矩法初步估算，再用适线法调整确定，Cs/Cv取0。适线时，在照顾大部分点距的基础上，侧重考虑1971年点距趋势定线。经适线后，频率曲线见图4.1-1。

由计算成果可知，假定极端最低气温符合P-Ⅲ型曲线正态分布的情况下，上水库100年以来极端最低气温为-42.7℃。

表4.1-2 上水库极端最低气温统计（1959—2010年系列）（单位：℃）

序号	年份	1月	2月	11月	12月	序号	年份	1月	2月	11月	12月
1	1959			-32.2	-35.8	27	1985	-34.3	-33.7	-24.3	-32.9
2	1960	-35.3	-26.3	-30.0	-38.2	28	1986	-33.3	-31.8	-32.1	-30.9
3	1961	-32.9	-29.2	-27.5	-35.8	29	1987	-27.5	-26.2	-30.6	-33.7
4	1962	-36.5	-33.9	-30.3	-30.4	30	1988	-35.5	-31.4	-22.3	-30.4
5	1963	-34.4	-32.5	-26.9	-32.8	31	1989	-30.2	-30.3	-25.2	-26.3

续表

序号	年份	1 月	2 月	11 月	12 月	序号	年份	1 月	2 月	11 月	12 月
6	1964	-32.6	-37.7	-19.6	-29.0	32	1990	-33.4	-32.3	-26.8	-30.5
7	1965	-32.9	-28.7	-25.7	-33.3	33	1991	-30.8	-31.0	-23.2	-33.5
8	1966	-34.8	-30.5	-32.7	-36.1	34	1992	-30.6	-29.9	-24.1	-27.8
9	1967	-37.4	-38.0	-26.4	-38.9	35	1993	-37.4	-29.3	-35.4	-32.5
10	1968	-38.0	-37.7	-28.2	-35.2	36	1994	-34.3	-28.3	-18.4	-31.8
11	1969	-38.0	-35.9	-24.0	-35.9	37	1995	-32.6	-29.7	-23.7	-29.9
12	1970	-36.3	-31.6	-31.2	-36.3	38	1996	-33.2	-31.3	-26.5	-30.9
13	1971	-41.8	-39.3	-31.2	-37.2	39	1997	-32.0	-28.7	-29.2	-30.5
14	1972	-37.6	-34.5	-27.8	-31.6	40	1998	-35.0	-32.3	-23.8	-27.5
15	1973	-35.2	-32.2	-22.5	-32.5	41	1999	-32.1	-25.9	-25.7	-31.6
16	1974	-39.7	-32.2	-25.3	-36.4	42	2000	-36.9	-34.8	-26.0	-27.0
17	1975	-31.4	-35.5	-28.9	-31.3	43	2001	-33.1	-29.7	-25.5	-32.4
18	1976	-32.8	-29.7	-25.5	-36.2	44	2002	-27.2	-24.8	-27.5	-38.4
19	1977	-39.2	-36.3	-26.8	-33.3	45	2003	-35.6	-31.1	-23.0	-29.2
20	1978	-34.4	-36.7	-30.1	-32.8	46	2004	-35.8	-29.9	-27.1	-35.8
21	1979	-29.6	-28.4	-29.1	-31.4	47	2005	-36.8	-37.3	-20.2	-32.7
22	1980	-38.7	-37.0	-22.1	-31.2	48	2006	-29.9	-32.5	-23.9	-26.3
23	1981	-36.4	-30.9	-31.3	-34.9	49	2007	-27.7	-21.7	-20.6	-26.4
24	1982	-34.3	-30.0	-22.0	-30.0	50	2008	-34.3	-32.2	-21.2	-35.9
25	1983	-33.4	-35.7	-22.2	-33.9	51	2009	-35.0	-27.1	-27.0	-32.4
26	1984	-35.7	-32.9	-27.6	-33.5	52	2010	-34.7	-28.3	-20.4	-33.6
低于-30.0℃以下的年份（年）								46	33	11	43
占长系列年的百分数（%）								90.2	64.7	21.2	82.7

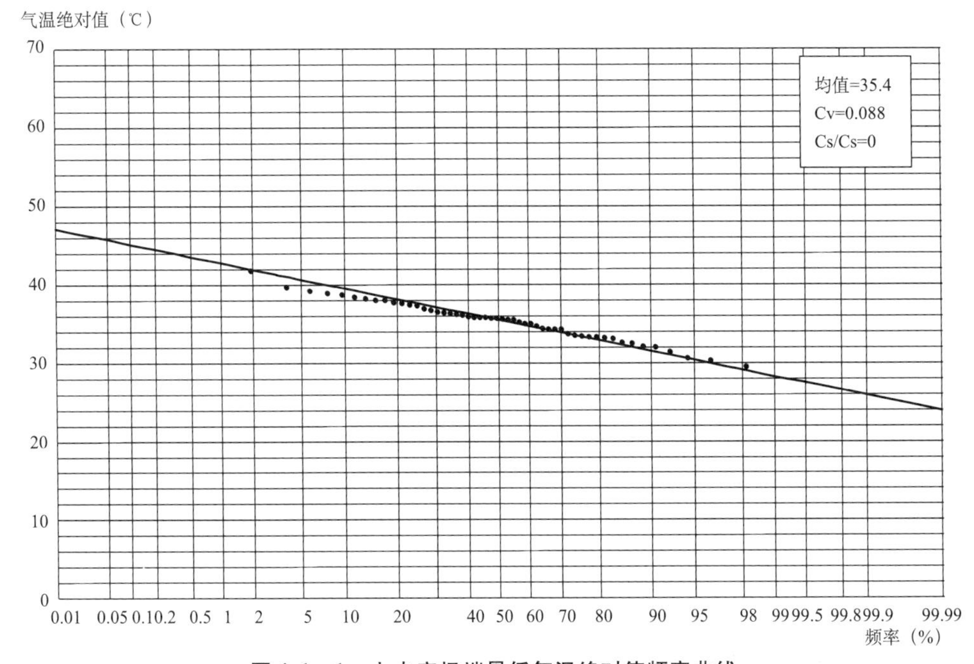

图 4.1-1　上水库极端最低气温绝对值频率曲线

4.1.3 面板冻断温度确定

由于沥青混凝土为感温性材料，防渗面板又为多层结构，面板各层的温度会随库水位变动以及日照条件等而变化，不能直接把外界最低气温作为设计温度。考虑到面板各层的设计温度的确定、室内试验与实际工程条件的差别、试验方法的差别（试验为一维问题，而面板为二维问题）等因素，因此在确定防渗层冻断温度和封闭层低温脆裂温度时应留有一定的裕度。日本北海道地区的京极抽水蓄能电站沥青混凝土面板防渗层计算的最低温度为－18℃，设计冻断温度取－20℃，预留裕度为－2℃。我国山西西龙池抽水蓄能电站上水库极端最低气温为－34.5℃，防渗层设计冻断温度取－38℃，预留裕度为－3.5℃。

呼和浩特抽水蓄能电站上水库库址区气温较低，极端最低气温为－41.8℃；100年超越概率的最低气温假定符合P-Ⅲ型曲线正态分布情况为－42.7℃。从1959—2010年52年的统计推算资料来看，每年冬天气温低于－27.7℃的概率为100%，低于－30.2℃的概率为98%。考虑上水库施工期库底面板的越冬问题，方便沥青采购和面板施工管理，库坡和库底的面板采用相同的抗冻温度，把极端最低气温－41.8℃和100年超越概率最低气温－42.7℃两者中绝对值的大者加上适当裕度，将－45℃作为设计的防渗层冻断温度和封闭层低温脆裂温度，预留裕度为－2.3℃。

针对呼蓄电站上水库沥青混凝土面板冻断温度设计指标，中国三峡集团张超然院士组织相关专家对呼蓄电站上水库沥青混凝土防渗面板试验成果进行专题评审，会议认为：按照《土石坝沥青混凝土面板和心墙设计规范》规定，冻断温度可采用当地最低气温确定，因而采用－41.8℃作为设计极端最低气温也是符合规程规范的相关要求。为提高安全裕度确定－43℃作为出机口试件的冻断温度。而－45℃作为保证－43℃的辅助指标，其目标是提高达到－43℃的保证率，而满足≤－41.8℃是最基本要求，也就是说应百分之百达到。

4.2 严寒地区水工改性沥青技术指标的研究确定

为解决沥青混凝土面板的低温抗裂问题，水电工程中一般采用SBS聚合物改性沥青代替普通石油沥青。由于我国改性沥青在水利水电工程中应用较少，在《土石坝沥青混凝土面板和心墙设计规范》DL/T 5411—2009中未列出水工改性沥青的技术要求。《土石坝沥青混凝土面板和心墙设计规范》SL 501—2010附录A水工沥青混凝土的沥青技术要求套用了《公路沥青路面施工技术规范》JTG F40—2004聚合物改性沥青技术要求。现有规范中改性沥青的技术指标与沥青混凝土低温冻断指标相关性弱。本项目首先通过水工改性沥青试验，分析各项试验指标与沥青混凝土面板低温抗裂的相关性，从而确定严寒地区水工改性沥青的技术指标。

表 4.2－1　SBS 改性沥青技术要求

<table>
<tr><th>序号</th><th colspan="2">项　目</th><th>单 位</th><th>《土石坝沥青混凝土面板和心墙设计规范》SL 501—2010 和《公路沥青路面施工技术规范》JTG F40—2004
SBS 类（I 类）I-A</th><th>技术要求</th><th>试验方法
《公路工程沥青及沥青混合料试验规程》JTJ 052—2000</th></tr>
<tr><td>1</td><td colspan="2">针入度（25℃，100g，5s）</td><td>1/10mm</td><td>>100</td><td>>100</td><td>JTJ T 0604—2000</td></tr>
<tr><td>2</td><td colspan="2">针入度指数 PI</td><td>–</td><td>≥－1.2</td><td>≥－1.2</td><td>JTJ T 0604—2000</td></tr>
<tr><td>3</td><td colspan="2">延度（5℃，5cm/min）</td><td>cm</td><td>≥50</td><td>≥70</td><td rowspan="2">JTJ T 0605—1993</td></tr>
<tr><td>4</td><td colspan="2">延度（15℃，5cm/min）</td><td>cm</td><td>/</td><td>≥100</td></tr>
<tr><td>5</td><td colspan="2">软化点（环球法）</td><td>℃</td><td>≥45</td><td>≥45</td><td>JTJ T 0606—2000</td></tr>
<tr><td>6</td><td colspan="2">运动粘度（135℃）</td><td>Pas</td><td>≤3</td><td>≤3</td><td>JTJ T 0625—2000/JTJ T 0619—1993</td></tr>
<tr><td>7</td><td colspan="2">脆点</td><td>℃</td><td>/</td><td>≤－22</td><td>JTJ T 0613—1993</td></tr>
<tr><td>8</td><td colspan="2">闪点（开口法）</td><td>℃</td><td>≥230</td><td>≥230</td><td>JTJ T 0611—1993</td></tr>
<tr><td>9</td><td colspan="2">密度（25℃）</td><td>g/cm³</td><td>/</td><td>实测</td><td>JTJ T 0603—1993</td></tr>
<tr><td>10</td><td colspan="2">溶解度（三氯乙烯）</td><td>%</td><td>≥99</td><td>≥99</td><td>JTJ T 0607—1993</td></tr>
<tr><td>11</td><td colspan="2">弹性恢复（25℃）</td><td>%</td><td>≥55</td><td>≥55</td><td>JTJ T 0622—1993</td></tr>
<tr><td>12</td><td colspan="2">离析，48h 软化点差</td><td>℃</td><td>≤2.5</td><td>≤2.5</td><td>JTJ T 0661—2000</td></tr>
<tr><td>13</td><td colspan="2">基质沥青含蜡量（裂解法）</td><td>%</td><td>/</td><td>≤2</td><td>JTJ T 0615—2000</td></tr>
<tr><td>14</td><td rowspan="5">薄膜烘箱后</td><td>质量变化</td><td>%</td><td>≤1.0</td><td>≤1.0</td><td>JTJ T 0610—1993</td></tr>
<tr><td>15</td><td>软化点升高</td><td>℃</td><td>/</td><td>≤5</td><td>JTJ T 0606—2000</td></tr>
<tr><td>16</td><td>针入度比（25℃）</td><td>%</td><td>≥50</td><td>≥50</td><td>JTJ T 0604—2000</td></tr>
<tr><td>17</td><td>脆点</td><td>℃</td><td>/</td><td>≤－19</td><td>JTJ T 0613—1993</td></tr>
<tr><td>18</td><td>延度（5℃，5cm/min）</td><td>cm</td><td>≥30</td><td>≥30</td><td>JTJ T 0605—1993</td></tr>
</table>

4.2.1　严寒地区水工改性沥青技术指标的研究

（1）改性沥青初选试验研究

本项目在广泛调研已建寒冷或严寒地区抽水蓄能电站、渠道等防渗工程所采用改性沥青情况的基础上，研究了 5 个厂家 13 种 SBS 改性沥青样品：盘锦中油辽河沥青有限公司的水工改性沥青 5 种，以及河南宝泉抽水蓄能电站上水库封闭层用水工改性沥青 1 种；中海油气开发利用公司的水工改性沥青 4 种；路新大成公司的水工改性沥青 1 种；中水科水工改性沥青 2 种。

① 盘锦中油辽河沥青有限公司水工改性沥青试验研究

本次试验对盘锦中油辽河沥青有限公司生产的 5 种 SBS 改性沥青进行检测，水工改性沥青性能试验成果汇总见表 4. 2 -2，试验研究表明：

a. 水工改性沥青 1#试验项目除针入度略小外，其余指标满足技术要求；

b. 水工改性沥青 2#试验项目针入度、5℃和 15℃延度、脆点 4 项指标不满足技术要求；

c. 水工改性沥青 3#和水工改性沥青 5#试验项目指标均满足技术要求；

d. 宝泉封闭层用水工改性沥青试验项目针入度、薄膜烘箱前后 5℃延度 3 项指标不满足技术要求。

水工改性沥青 1#、水工改性沥青 3#和水工改性沥青 5#，低温延度大，脆点低，预期对沥青混凝土低温抗裂性能有利。

表 4. 2 -2　盘锦中油辽河沥青有限公司水工改性沥青性能试验成果汇总表

序号	项 目		单位	技术要求	水工改性沥青 1#	水工改性沥青 2#	水工改性沥青 3#	水工改性沥青 5#	宝泉封闭层用水工改性沥青
1	针入度（25℃，100g，5s）		1/10mm	>100	96	86	102	119	78
2	针入度指数 PI		–	≥ -1. 2	-0. 27	-0. 29	-0. 75	-0. 92	-0. 23
3	延度（5℃，5cm/min）		cm	≥70	77	52. 7	78	94. 8	44. 9
4	延度（15℃，5cm/min）		cm	≥100	117	73	>150	>150	/
5	延度（4℃，1cm/min）		cm	/	91	76	110	89. 6	/
6	软化点（环球法）		℃	≥45	83	82	81. 1	86	82. 5
7	运动粘度（135℃）		Pas	≤3	2. 2	2. 6	2. 2	2. 27	1. 3
8	脆点		℃	≤ -22	-24	-21	-25	-29	/
9	闪点（开口法）		℃	≥230	298	297	298	298	>230
10	密度（25℃）		g/cm^3	实测	1. 009	1. 013	1. 062	1. 004	1. 012
11	溶解度（三氯乙烯）		%	≥99	99. 9	99. 9	99. 9	99. 9	99. 5
12	弹性恢复（25℃）		%	≥55	97	96	95	97	92
13	离析，48h 软化点差		℃	≤2. 5	0. 6	1. 8	0. 3	0. 2	1. 2
14	薄膜烘箱后	质量变化	%	≤1. 0	0. 13	0. 3	0. 12	0. 12	0. 2
15		针入度比（25℃）	%	≥50	80	76	80	82	78
16		延度（5℃，5cm/min）	cm	≥30	42	35	47. 2	54. 2	24. 8
17		延度（15℃，5cm/min）	cm	≥80	/	/	138	143	/
18		延度（4℃，1cm/min）	cm	/	40	/	48	51. 7	/

② 中海油气利用公司水工改性沥青试验研究

本次试验对中海油气利用公司生产的 4 种 SBS 改性沥青进行检测，水工改性沥青性能试验成果汇总见表 4.2－3。

表 4.2－3　中海油气利用公司改性沥青性能试验成果汇总表

<table>
<tr><th>序号</th><th colspan="2">项 目</th><th>单位</th><th>技术要求</th><th>水工改性沥青 1#</th><th>水工改性沥青 2#</th><th>水工改性沥青 3#</th><th>水工改性沥青 5#</th></tr>
<tr><td>1</td><td colspan="2">针入度（25℃，100g，5s）</td><td>1/10mm</td><td>>100</td><td>105</td><td>76</td><td>65</td><td>108</td></tr>
<tr><td>2</td><td colspan="2">针入度指数 PI</td><td>－</td><td>≥－1.2</td><td>/</td><td>/</td><td>/</td><td>－0.68</td></tr>
<tr><td>3</td><td colspan="2">延度（5℃，5cm/min）</td><td>cm</td><td>≥70</td><td>54</td><td>37</td><td>24</td><td>75</td></tr>
<tr><td>4</td><td colspan="2">延度（15℃，5cm/min）</td><td>cm</td><td>≥100</td><td>>150</td><td>121</td><td>42</td><td>146</td></tr>
<tr><td>5</td><td colspan="2">延度（4℃，1cm/min）</td><td>cm</td><td>/</td><td>92</td><td>67</td><td>44</td><td>108</td></tr>
<tr><td>6</td><td colspan="2">软化点（环球法）</td><td>℃</td><td>≥45</td><td>63</td><td>59</td><td>56</td><td>79.6</td></tr>
<tr><td>7</td><td colspan="2">运动粘度（135℃）</td><td>Pas</td><td>≤3</td><td>0.5</td><td>0.9</td><td>2.0</td><td>2.95</td></tr>
<tr><td>8</td><td colspan="2">脆点</td><td>℃</td><td>≤－22</td><td>－18</td><td>－18</td><td>－17</td><td>－22</td></tr>
<tr><td>9</td><td colspan="2">闪点（开口法）</td><td>℃</td><td>≥230</td><td>>230</td><td>>230</td><td>>230</td><td>>230</td></tr>
<tr><td>10</td><td colspan="2">密度（25℃）</td><td>g/cm^3</td><td>实测</td><td>1.0031</td><td>1.0026</td><td>1.0034</td><td>1.0013</td></tr>
<tr><td>11</td><td colspan="2">溶解度（三氯乙烯）</td><td>%</td><td>≥99</td><td>99.6</td><td>99.5</td><td>99.5</td><td>99.4</td></tr>
<tr><td>12</td><td colspan="2">弹性恢复（25℃）</td><td>%</td><td>≥55</td><td>83</td><td>85</td><td>86</td><td>90</td></tr>
<tr><td>13</td><td colspan="2">离析，48h 软化点差</td><td>℃</td><td>≤2.5</td><td>1.2</td><td>1.5</td><td>1.4</td><td>2.4</td></tr>
<tr><td>14</td><td rowspan="5">薄膜烘箱后</td><td>质量变化</td><td>%</td><td>≤1.0</td><td>0.12</td><td>0.07</td><td>0.08</td><td>0.6</td></tr>
<tr><td>15</td><td>针入度比（25℃）</td><td>%</td><td>≥50</td><td>80</td><td>80.2</td><td>80.3</td><td>92</td></tr>
<tr><td>16</td><td>延度（5℃，5cm/min）</td><td>cm</td><td>≥30</td><td>39</td><td>21</td><td>12</td><td>54.9</td></tr>
<tr><td>17</td><td>延度（15℃，5cm/min）</td><td>cm</td><td>≥80</td><td>/</td><td>/</td><td>/</td><td>123</td></tr>
<tr><td>18</td><td>延度（4℃，1cm/min）</td><td>cm</td><td>/</td><td>/</td><td>/</td><td>/</td><td>44.2</td></tr>
</table>

试验研究表明：

a. 水工改性沥青 1#试验项目 5℃延度和脆点两项指标不满足技术要求；

b. 水工改性沥青 2#试验项目针入度、5℃延度和脆点 3 项指标不满足技术要求；

c. 水工改性沥青 3#试验项目针入度、5℃和 15℃延度和脆点 4 项指标不满足技术要求；

d. 水工改性沥青 5#试验项目指标均满足技术要求。

水工改性沥青 1#低温延度大，水工改性沥青 5#低温延度大、脆点低，预期对沥青混凝土低温抗裂性能有利。

③ 路新大成公司水工改性沥青试验研究

本次试验对路新大成公司生产的 1 种 SBS 改性沥青进行检测，水工改性沥青性能试验成果见表 4.2－4。

表 4.2－4　路新大成公司水工改性沥青性能试验成果

序号	项目		单位	技术要求	水工改性沥青
1	针入度（25℃，100g，5s）		1/10mm	＞100	103
2	针入度指数 PI		－	≥－1.2	－0.43
3	延度（5℃，5cm/min）		cm	≥70	56
4	延度（15℃，5cm/min）		cm	≥100	123
5	延度（4℃，1cm/min）		cm	/	114
6	软化点（环球法）		℃	≥45	75
7	运动粘度（135℃）		Pas	≤3	2.4
8	脆点		℃	≤－22	－17
9	闪点（开口法）		℃	≥230	＞230
10	密度（25℃）		g/cm³	实测	1.002
11	溶解度（三氯乙烯）		%	≥99	99.8
12	弹性恢复（25℃）		%	≥55	80
13	离析，48h 软化点差		℃	≤2.5	1.6
14	薄膜烘箱后	质量变化	%	≤1.0	0.3
15		针入度比（25℃）	%	≥50	73
16		延度（5℃，5cm/min）	cm	≥30	32

试验研究表明，路新大成公司提供的水工改性沥青 5℃ 延度和脆点两项指标不满足技术要求。

④ 中水科水工改性沥青试验研究

中水科专为呼和浩特抽水蓄能电站研制了 SK-2 水工改性沥青和 5# * 水工改性沥青。SK-2 水工改性沥青的基质沥青为辽河石化公司生产的 SG90#普通石油沥青，5#* 水工改性沥青是通过对盘锦中油辽河沥青有限公司水工改性沥青 5#再改性获得。本次试验对中水科的 2 种 SBS 改性沥青进行检测，水工改性沥青性能试验成果见表 4.2－5。

表 4.2－5　中水科水工改性沥青性能试验成果

序号	项　目	单位	技术要求	水工改性沥青 SK-2	水工改性沥青 5#*
1	针入度（25℃，100g，5s）	1/10mm	＞100	115	123
2	针入度指数 PI	－	≥－1.2	－0.2	－0.97
3	延度（5℃，5cm/min）	cm	≥70	125.7	97.6
4	延度（15℃，5cm/min）	cm	≥100	88.4	＞150
5	延度（4℃，1cm/min）	cm	/	＞100	93
6	软化点（环球法）	℃	≥45	75.5	84
7	运动粘度（135℃）	Pas	≤3	2.9	2.2
8	脆点	℃	≤－22	－27	－29
9	闪点（开口法）	℃	≥230	＞230	298

续表

序号	项　目		单位	技术要求	水工改性沥青 SK-2	水工改性沥青 5#*
10	密度（25℃）		g/cm³	实测	1.001	0.997
11	溶解度（三氯乙烯）		%	≥99	99.8	99.9
12	弹性恢复（25℃）		%	≥55	78	93
13	离析，48h 软化点差		℃	≤2.5	2.3	0.5
14	薄膜烘箱后	质量变化	%	≤1.0	0.3	0.23
15		针入度比（25℃）	%	≥50	74	78
16		延度（5℃，5cm/min）	cm	≥30	105	56.5
17		延度（15℃，5cm/min）	cm	≥80	62	135
18		延度（4℃，1cm/min）	cm	/	96.7	55.2

试验研究表明：

a. SK-2 水工改性沥青针入度大、低温延度大、软化点高，但薄膜烘箱前后 15℃延度不满足技术要求；

b. 5#* 水工改性沥青对盘锦中油辽河沥青有限公司水工改性沥青 5#进行二次改性，试验项目指标均满足技术要求。与水工改性沥青 5#性能相比，除低温延度略有增加外，其他性能无明显变化。

SK-2 水工改性沥青和 5#* 水工改性沥青低温延度大、脆点低，预期对沥青混凝土低温抗裂性能有利。

根据上述 4 个不同厂家提供的 12 种水工改性沥青样品指标试验成果，只能预期低温延度大、脆点低的水工改性沥青，对沥青混凝土低温抗裂性能有利。但沥青混凝土的低温抗裂性能受沥青材料低温指标的影响程度如何，目前国内外鲜有研究。基于呼和浩特抽水蓄能电站上水库严寒，面板防渗层沥青混凝土低温抗裂性能要求较高的特点，因此在改性沥青指标全面检测分析后，对每种改性沥青加入大西沟大理岩人工骨料、八拜村天然砂和呼和浩特市金山特种水泥厂石灰石矿粉，配制防渗层改性沥青混凝土进行低温冻断试验，测试其冻断温度和冻断应力，并重点研究改性沥青的 5℃延度、脆点和改性沥青混凝土的冻断温度之间的关系，作为改性沥青初步选择的依据。根据改性沥青的性能检测指标和所配置改性沥青混凝土的低温冻断试验成果，推荐了 3 种低温延度大、脆点低的 SBS 改性沥青进行优选试验，分别为盘锦中油辽河沥青有限公司水工改性沥青 5#、中水科 SK-2 水工改性沥青和 5#* 水工改性沥青 3 种 SBS 水工改性沥青。

（2）改性沥青优选试验研究

从改性沥青初选阶段中水科的试验成果来看，盘锦中油辽河沥青有限公司水工改性沥青 5#和中水科 5#* 水工改性沥青所有检测指标均能满足技术要求；中水科 SK-2 水工改性沥青除薄膜烘箱前后 15℃延度外，其余检测指标能满足技术要求。

水工改性沥青材料的优选试验研究，为保证试验数据的严谨、可靠，分别委托中水科、西安理工和石油化工两家科研单位同时进行这 3 种 SBS 改性沥青的复核检测。改性沥青指标检测数据详见《严寒环境下沥青混凝土面板设计关键技术分项研究报告之一 沥青混凝土原材料性能试验报告》。

为便于对比分析，将改性沥青技术要求、改性沥青初选中水科的检测值和复核单位检测值汇总见表 4.2－6。

针入度、薄膜烘箱前后 5℃、15℃延度和脆点、运动粘度、离析是决定水工改性沥青质量和低温抗裂性能的主要指标，试验研究表明各单位测试值存在较大差异：

① 盘锦中油辽河沥青有限公司水工改性沥青 5#

针入度（25℃，100g，5s）技术要求大于 100（1/10mm），中水科、西安理工、石油化工检测值分别为 119、117.4、135。

延度（5℃，5cm/min）技术要求不小于 70cm，中水科、西安理工、石油化工检测值分别为 94.8cm、77.4cm、74cm。

延度（15℃，5cm/min）技术要求不小于 100cm，中水科、西安理工、石油化工检测值分别为 >150cm、 >150cm、103cm。

运动粘度（135℃）技术要求不大于 3Pas，中水科、西安理工、石油化工检测值分别为 2.27Pas、2.8Pas、2.44Pas。

脆点技术要求不大于－22℃，各单位检测最高值－27℃，最低值－29℃，相差 2℃。

离析，48h 软化点差技术要求不大于 2.5℃，中水科、西安理工、石油化工检测值分别为 0.2℃、2.1℃、0.2℃。

薄膜烘箱后延度（5℃，5cm/min）技术要求不小于 30cm，各单位试验最小值 54.2cm，最大值 64.3cm。

薄膜烘箱后延度（15℃，5cm/min）技术要求不小于 80cm，各单位试验最小值 91cm，最大值 143cm，相差 52cm。

薄膜烘箱后脆点技术要求不大于－19℃，西安理工检测值为－19℃，石油化工检测值为－26℃。

从各单位试验结果分析，水工改性沥青 5#各项指标均满足技术要求，低温抗裂指标针入度、薄膜烘箱前后 5℃延度、薄膜烘箱前脆点检测值相对稳定，离析、薄

表 4.2-6　SBS 水工改性沥青技术要求及各单位检测成果汇总表

序号	项目		单位	技术要求	盘锦水工改性沥青 5#检测值			SK-2 水工改性沥青检测值			5#* 水工改性沥青检测值		
					中水科	西安理工	石油化工	中水科	西安理工	石油化工	中水科	西安理工	石油化工
1	针入度（25 °C，100g，5s）		1/10mm	>100	119	117.4	135	115	113	111	123	122	137
2	针入度指数 PI		-	≥-1.2	-0.92	-0.93	3.6	-0.2	-0.27	2.0	-0.97	-0.86	5.7
3	延度（5 °C，5cm/min）		cm	≥70	94.8	77.4	74	125.7	120	84	97.6	78	64
4	延度（15 °C，5cm/min）		cm	≥100	>150	>150	103	88.4	84	81	>150	>150	82
5	软化点（环球法）		°C	≥45	86	84	80.9	75.5	76	81.2	84	86	85.4
6	运动粘度（135 °C）		Pas	≤3	2.27	2.8	2.44	2.9	2.5	4.45	2.20	2.9	3.44
7	脆点		°C	≤-22	-29	-27	-27	-27	-25	-28	-29	-28	-28
8	闪点（开口法）		°C	≥230	298	305	>260	>230	290	>260	298	295	222
9	密度（25 °C）		g/cm^3	实测	1.004	1.021	1.019	1.001	1.004	1.020	0.997	1.015	1.016
10	溶解度（三氯乙烯）		%	≥99	99.9	99.9	99.3	99.8	99.9	99.3	99.9	99.9	99.2
11	弹性恢复（25 °C）		%	≥55	97	92	100	78	80	90	93	89	100
12	离析，48h 软化点差		°C	≤2.5	0.2	2.1	0.2	2.3	2.3	10.0	0.5	1.9	0.2
13	基质沥青含蜡量（裂解法）		%	≤2	/	1.94	2.0	/	1.95	1.6	/	1.96	1.3
14	薄膜烘箱后	质量变化	%	≤1.0	0.12	-0.01	-0.67	0.3	0.2	-0.12	0.23	-0.02	-0.636
15		软化点升高	°C	≤5	/	2.3	-3.5	/	2.0	-19.8	/	2.8	-9
16		针入度比（25 °C）	%	≥50	82	90.2	82	74	76	87	78	87.4	106
17		脆点（弗拉斯法）	°C	≤-19	/	-19	-26	/	-18	-26	/	-22	-26
18		延度（5 °C，5cm/min）	cm	≥30	54.2	64.3	56	105	90	62	56.5	60.5	73
19		延度（15 °C，5cm/min）	cm	≥80	143	114.3	91	62	61	64	135	118	97

膜烘箱后脆点有一定的离散性；运动粘度检测值相对稳定；薄膜烘箱前后 15℃ 延度有一定的离散性。

② 中水科 SK-2 水工改性沥青

针入度（25℃，100g，5s）中水科、西安理工、石油化工检测值分别为 115、113、111。

延度（5℃，5cm/min）中水科、西安理工、石油化工检测值分别为 125.7cm、120cm、84cm，高低值相差 41.7cm。

延度（15℃，5cm/min），中水科、西安理工、石油化工检测值分别为 88.4cm、84cm、81cm，均不满足技术要求。

运动粘度（135℃）技术要求不大于 3Pas，中水科、西安理工、石油化工检测值分别为 2.9Pas、2.5Pas、4.45Pas，运动粘度 4.45Pas 不满足技术要求。

脆点各单位检测最高值 -25℃，最低值 -28℃，相差 3℃。

离析，48h 软化点差中水科、西安理工、石油化工检测值分别为 2.3℃、2.3℃、10.0℃，最大值 10.0℃不满足技术要求，且高低值相差 7.7℃。

薄膜烘箱后延度（5℃，5cm/min）中水科、西安理工、石油化工检测值分别为 105cm、90cm、62cm，高低值相差 43cm。

薄膜烘箱后延度（15℃，5cm/min）技术要求不小于 80cm，中水科、西安理工、石油化工检测值分别为 62cm、61cm、64cm，均不满足技术要求。

薄膜烘箱后脆点西安理工检测值为 -18℃，石油化工检测值为 -26℃。两个检测值离散性较大，薄膜烘箱后脆点 -18℃不满足技术要求。

薄膜烘箱后软化点升高技术要求不大于 5℃，西安理工检测值为 2.0℃，石油化工检测值为 -19.8℃，相差 21.8℃，说明沥青品质不稳定。

从各单位试验结果分析 SK-2 水工改性沥青主要技术指标表明：薄膜烘箱前后 15℃ 延度三家单位检测值相对稳定，但均比技术要求小 11% 以上；石油化工检测的离析、运动粘度和西安理工检测的薄膜烘箱后脆点不满足技术要求；薄膜烘箱前后 5℃ 延度、薄膜烘箱后脆点和软化点升高均表现出较大的离散性；薄膜烘箱前后 5℃ 延度均比 15℃ 延度大；针入度、薄膜烘箱前脆点检测值相对稳定。

③ 中水科 5#* 水工改性沥青

针入度（25℃，100g，5s）中水科、西安理工、石油化工检测值分别为 123、122、137。

延度（5℃，5cm/min）中水科、西安理工、石油化工检测值分别为 97.6cm、78cm、64cm，高低值相差 33.6cm，石油化工检测值为 64cm，不满足技术要求。

延度（15℃，5cm/min）中水科、西安理工、石油化工检测最高值 >150cm，最低值为 82cm，相差大于 68cm，石油化工检测值为 82cm，不满足技术要求。

运动粘度（135℃）技术要求不大于 3Pas，中水科、西安理工、石油化工检测值分别为 2.2Pas、2.9Pas、3.44Pas，石油化工运动粘度检测值 3.44Pas，不满足技术要求。

脆点各单位检测最高值 -28℃，最低值 -29℃，相差 1℃。

离析，48h 软化点差中水科、西安理工、石油化工检测值分别为 0.5℃、1.9℃、0.2℃。

薄膜烘箱后延度（5℃，5cm/min）中水科、西安理工、石油化工检测值分别为 56.5cm、60.5cm、73cm，高低值相差 16.5cm。

薄膜烘箱后延度（15℃，5cm/min）中水科、西安理工、石油化工检测值分别为 135cm、118cm、97cm，高低值相差 38cm。

薄膜烘箱后脆点西安理工检测值为 -22℃，石油化工检测值为 -26℃。两个检测值离散性较大。

薄膜烘箱后软化点升高技术要求不大于 5℃，西安理工检测值为 2.8℃，石油化工检测值为 -9℃，相差 11.8℃，说明沥青品质不稳定。

从各单位试验结果分析，5#* 水工改性沥青除石油化工检测的 5℃和 15℃延度、运动粘度值超标外，其余指标均满足技术要求；低温抗裂指标针入度、薄膜烘箱前脆点检测值相对稳定，薄膜烘箱前后 5℃延度、离析、薄膜烘箱后脆点均表现出较大的离散性；薄膜烘箱前后 15℃延度有一定的离散性。

中水科、西安理工、石油化工三家科研单位 SBS 水工改性沥青的试验结果表明：

① 盘锦中油辽河沥青有限公司水工改性沥青 5#，各项试验指标均能满足技术要求，低温抗裂指标针入度、薄膜烘箱前后 5℃延度、薄膜烘箱前脆点检测值相对稳定，离析、薄膜烘箱后脆点离散性较小；运动粘度检测值相对稳定；薄膜烘箱前后 15℃延度有一定的离散性。

② 中水科 SK-2 水工改性沥青，采用辽河石化公司的 SG90#普通石油沥青作为基质沥青，除中水科、西安理工和石油化工检测的薄膜烘箱前后 15℃延度，以及石油化工检测的离析、运动粘度和西安理工检测的薄膜烘箱后脆点外，其他指标能满

足技术要求。但薄膜烘箱前后5℃延度、薄膜烘箱后脆点和软化点升高均表现出较大的离散性；薄膜烘箱前后5℃延度均比15℃延度大。

③ 中水科5#＊水工改性沥青，采用研制SK-2水工改性沥青的基本工艺，对盘锦中油辽河沥青有限公司水工改性沥青5#进行二次改性。除石油化工检测的5℃和15℃延度、运动粘度值超标外，其余指标均满足技术要求；低温抗裂指标针入度、薄膜烘箱前脆点检测值相对稳定，薄膜烘箱前后5℃延度、离析、薄膜烘箱后脆点均表现出较大的离散性；薄膜烘箱前后15℃延度有一定的离散性。

中水科SK-2水工改性沥青薄膜烘箱前后5℃延度均比15℃延度大，说明改性沥青低温软高温硬，已不符合一般沥青的基本规律。中水科5#＊水工改性沥青属二次掺配，由于两个沥青厂家改性剂品种及含量不明，存在改性剂与沥青、改性剂与改性剂之间的配伍问题。因此对盘锦中油辽河沥青有限公司水工改性沥青5#、中水科SK-2水工改性沥青和5#＊水工改性沥青进行沥青混凝土配合比试验，试验研究结果显示：5#防渗层改性沥青混凝土和封闭层改性沥青玛蹄脂各项指标能满足严寒环境要求，可作为防渗层和封闭层沥青使用；SK-2防渗层改性沥青混凝土冻断温度部分检测值不满足设计要求，试件漏水时裂缝明显比5#改性沥青混凝土要宽大很多；5#＊防渗层改性沥青混凝土冻断温度离散性较大，说明产品质量不够稳定。

试验研究结论，呼和浩特抽水蓄能上水库沥青混凝土面板施工，防渗层和封闭层改性沥青原材料选用了盘锦中油辽河沥青有限公司水工改性沥青5#。

（3）沥青指标与低温冻断指标的相关性研究

通过防渗层改性沥青混凝土初步试验，改性沥青混凝土冻断温度与SBS水工改性沥青低温指标脆点、5℃延度之间的关系见表4.2－7。

表4.2－7　SBS改性沥青低温指标及改性沥青混凝土冻断温度统计

沥青厂家	沥青品种	脆点（℃）	5℃延度（cm）	冻断温度（℃）	根据冻断温度排序
盘锦中油辽河沥青有限公司	宝泉封闭层用水工改性沥青	/	44.9	－36.7	8
	水工改性沥青1#	－24	77	－44.3	4（并列）
	水工改性沥青2#	－21	52.7	－39.9	7
	水工改性沥青3#	－25	78	－44.3	4（并列）
	水工改性沥青5#	－29	94.8	－45.4	3
路新大成公司	水工改性沥青	－17	56	－34.2	13

续表

沥青厂家	沥青品种	脆点（℃）	5℃延度（cm）	冻断温度（℃）	根据冻断温度排序
中海油气开发利用公司	水工改性沥青 1#	-18	54	-36.1	10
	水工改性沥青 2#	-18	37	-34.5	12
	水工改性沥青 3#	-17	24	-35.7	11
	水工改性沥青 4#	/	/	-36.4	9
	水工改性沥青 5#	-22	75	-42.2	6
中水科	SK-2 型改性沥青	-27	125.7	-45.7	2
	5#* 水工改性沥青	-29	97.6	-47.5	1

试验研究表明：

a. 改性沥青品种对改性沥青混凝土的冻断温度有显著影响，中水科和盘锦中油辽河沥青有限公司改性沥青制备的改性沥青混凝土冻断温度均较低，中海油气开发利用公司的次之，路新大成公司的最高。

b. 从改性沥青混凝土冻断温度由低到高（对应改性沥青混凝土低温抗裂性能由高到低）的排序结果看，有 6 种改性沥青制备的沥青混凝土冻断温度能低于呼和浩特抽水蓄能电站上水库极端最低气温 -41.8℃，依次为：中水科的 5#＊水工改性沥青（对应改性沥青混凝土冻断温度为 -47.5℃）、SK-2 水工改性沥青（对应改性沥青混凝土冻断温度为 -45.7℃），盘锦中油辽河沥青有限公司的水工改性沥青 5#（对应改性沥青混凝土冻断温度为 -45.4℃）、水工改性沥青 1#和水工改性沥青 3#（对应改性沥青混凝土冻断温度为 -44.3℃），中海油气开发利用公司的水工改性沥青 5#（对应改性沥青混凝土冻断温度为 -42.2℃）。

c. 沥青混凝土低温冻断温度与改性沥青的脆点、5℃延度指标关系明显（见图 4.2-1），当改性沥青的 5℃延度不小于 70cm、脆点不高于 -22℃时，沥青混凝土的冻断温度可达到 -40℃以下，由此改性沥青脆点、5℃延度的指标可作为寒冷及严寒地区工程选择改性沥青的依据。其他工程可根据严寒环境条件确定的设计冻断温度按图 4.2-1 相互影响规律调整改性沥青的脆点和 5℃延度指标。

4.2.2 严寒地区改性沥青技术指标的提出

根据《土石坝沥青混凝土面板和心墙设计规范》SL 501—2010 和《公路沥青路面施工技术规范》JTG F40—2004 聚合物改性沥青 SBS 类（I 类）I-A 级标准，并分析上述 SBS 水工改性沥青试验研究情况，结合严寒环境工程特点，提出了严寒环

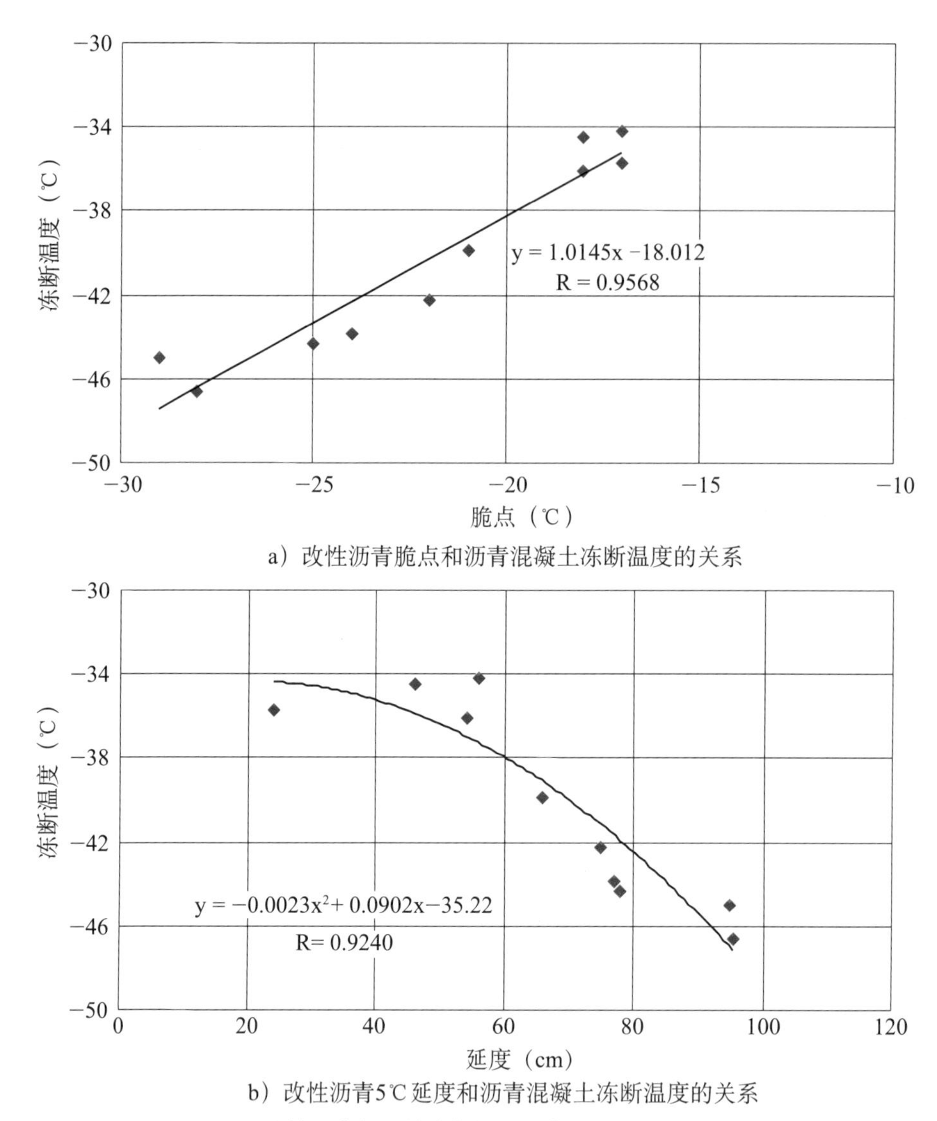

a）改性沥青脆点和沥青混凝土冻断温度的关系

b）改性沥青5℃延度和沥青混凝土冻断温度的关系

图 4.2－1　改性沥青低温性能指标和沥青混凝土冻断温度的关系

境下面板封闭层、防渗层及加厚层的SBS改性沥青的技术要求见表4.2－1。水工改性沥青的技术要求，尤其是薄膜烘箱前后的延度和脆点要求，可作为寒冷及严寒地区工程选择沥青的依据。

4.3　沥青混凝土面板技术要求

呼和浩特抽水蓄能电站上水库具有水位变幅较大（最大水位变幅37.0m），水位降落速度较快（水位最大降落速度7.5m/h）、面板基础介质不均一（相邻基础弹模高低差别大)，库坡面板冬季、夏季承受的温度跨度大等工程特点，在做好基础处理的同时，除要求面板沥青混凝土材料除应具有较好的防渗性能、适应基础变形能力、抗斜坡流淌性能、水稳定性能、抗老化性能和施工性能外，还需具有良好的低温抗裂性能。

根据收集的沥青混凝土面板资料，以及宝泉、张河湾和西龙池抽水蓄能电站等工程经验，现有研究成果及施工技术条件下沥青混凝土面板的防渗性能、适应基础变形性能、抗斜坡流淌性能、水稳定性能、抗老化性能和施工性能可满足呼和浩特抽水蓄能电站上水库工程条件的要求，但沥青混凝土面板的低温抗裂性能不能满足呼和浩特抽水蓄能电站上水库工程条件的要求，需进行特殊研究。

对呼和浩特抽水蓄能电站上水库沥青混凝土面板防渗形式的选择来说，防渗层低温抗裂性能是关系到方案技术是否可行的关键技术问题，研究确定合理的沥青混凝土原材料和配合比则涉及与钢筋混凝土面板防渗形式进行比较的经济性。结合相关工程经验及呼和浩特抽水蓄能电站上水库沥青混凝土面板应力应变分析成果（相关计算及分析成果详见本项目分项研究报告—《严寒环境下沥青混凝土面板应力应变分析报告》)、沥青混凝土面板温度场及温度应力分析计算成果（相关计算及分析成果详见本项目分项研究报告—《严寒环境下沥青混凝土面板温度场及温度应力计算分析报告》)，提出呼和浩特抽水蓄能电站上水库沥青混凝土面板各层沥青混凝土技术要求。

4.3.1　封闭层技术要求

经本项目研究表明，严寒环境下的封闭层采用改性沥青玛蹄脂，应与防渗层面黏结牢固，要求具有防渗性、变形适应性、耐流淌性、低温抗裂性、耐久性和耐磨性，可承受各种天气和水库荷载条件，并易于涂刷或喷洒，其技术要求见表 4.3－1。

表 4.3－1　封闭层沥青玛蹄脂技术要求

序号	项目	单位	技术要求	备 注
1	密度	g/cm^3	实测	/
2	斜坡热稳定性	-	不流淌	在沥青混凝土防渗层 20cm×30cm 面上涂 2mm 厚沥青马蹄脂，在 1∶1.75 坡，70℃，48h
3	低温脆裂	-	无裂纹	2mm 厚沥青马蹄脂按 －45℃进行二维冻裂试验
4	柔性	-	无裂纹	0.5mm 厚沥青马蹄脂，180 °对折，5℃

表 4.3－2　封闭层改性沥青玛蹄脂试验成果

序号	试验项目	单位	技术要求	玛蹄脂配合比沥青：填料	路新大成公司	盘锦中油辽河沥青有限公司			中海油气开发利用公司		中水科	
					水工改性沥青	水工改性沥青 1#	水工改性沥青 3#	水工改性沥青 5#	水工改性沥青 1#	水工改性沥青 5#	SK－2 水工改性沥青	5#* 水工改性沥青
1	密度	g/cm³	实测	4.0：6.0	1.62	1.64	1.68	1.67	1.63	1.64	1.67	1.66
				3.7：6.3	1.67	1.69	1.73	1.71	1.67	1.66	1.71	1.70
				3.5：6.5	1.71	1.73	1.77	1.73	1.70	1.69	1.74	1.73
				3.3：6.7	1.75	1.77	1.80	1.78	1.73	1.73	1.76	1.77
2	斜坡热稳定性 2mm，1：1.75 坡，48h	-	不流淌	4.0：6.0	不流淌	不流淌	不流淌	不流淌	不流淌	不流淌	不流淌	不流淌
				3.7：6.3	不流淌	不流淌	不流淌	不流淌	不流淌	不流淌	不流淌	不流淌
				3.5：6.5	不流淌	不流淌	不流淌	不流淌	不流淌	不流淌	不流淌	不流淌
				3.3：6.7	不流淌	不流淌	不流淌	不流淌	不流淌	/	不流淌	不流淌
3	低温脆裂　max 2mm 厚，降温速度 30 °C/h，≤ －45 °C	°C	无裂纹	4.0：6.0	－35.6	－50.6	－48.9	－50.3	－47.6	－47.3	－50.2	－51.2
				3.7：6.3	－36.8	－50.2	－49.8	－49.8	－47.3	－45.6	－49.2	－50.8
				3.5：6.5	－37.1	－49.7	－49.7	－49.8	－46.0	－47.8	－49.7	－49.9
				3.3：6.7	－36.3	－47.3	－48.2	－49.0	－45.2	－50.0	－50.2	－49.6
4	柔性 0.5mm 厚，180 °对折， 5 °C	-	无裂纹	4.0：6.0	无裂纹	无裂纹	无裂纹	无裂纹	无裂纹	无裂纹	无裂纹	无裂纹
				3.7：6.3	无裂纹	无裂纹	无裂纹	无裂纹	无裂纹	无裂纹	无裂纹	无裂纹
				3.5：6.5	无裂纹	无裂纹	无裂纹	无裂纹	无裂纹	无裂纹	无裂纹	无裂纹
				3.3：6.7	无裂纹	无裂纹	无裂纹	无裂纹	无裂纹	/	无裂纹	无裂纹
5	软化点	°C	/	4.0：6.0	115.8	99.5	116	114.2	104.4	124.0	119.7	115.2
				3.7：6.3	117.2	117	121.1	117.3	107.3	132.3	121.2	116.3
				3.5：6.5	121.2	125.3	123	119.0	109.2	/	123.5	118.0
				3.3：6.7	128.4	128.6	129.8	123.6	114.7	/	125.2	122.3

4.3.2　防渗层和加厚层技术要求

严寒环境下防渗层和加厚层改性沥青混凝土的骨料级配分组及最大粒径必须与层厚相适应，碾压后的技术要求见表 4.3－3。防渗层推荐配合比改性沥青混凝土力学性能试验成果见表 4.3－4，由于库址区气温较低，极端最低气温为 －41.8℃；100 年超越概率的最低气温假定符合 P-Ⅲ 型曲线正态分布情况为 －42.7℃。从 1959—2010 年 52 年的统计推算资料来看，每年冬天气温低于 －27.7℃的概率为 100%，低于 －30.2℃的概率为 98%。考虑上水库施工期库底面板的越冬问题，方便沥青采购和面板施工管理，库坡和库底的面板采用相同的抗冻温度，将 －43℃作为设计的防渗层冻断温度。

表 4.3－3　防渗层和加厚层沥青混凝土技术要求

序号	项目		单位	技术要求	备注
1	密度		g/cm^3	实测	/
2	孔隙率		%	≤2	马歇尔试件（室内成型）
				≤3	现场芯样或无损检测
3	渗透系数		cm/s	$\leqslant 1 \times 10^{-8}$	/
4	水稳定系数		－	≥0.9	孔隙率约 3% 时
5	斜坡流淌值		mm	≤0.8	马歇尔试件（室内成型）（1∶1.75，70℃，48h）
6	冻断温度		℃	≤ －45℃（平均值）	检测的最高值应不高于 －43℃
7	弯曲应变	2℃变形速率 0.5mm/min	%	≥2.5	/
8	拉伸应变	2℃变形速率 0.34mm/min	%	≥1.0	/
9	柔性试验（圆盘试验）	25℃	%	≥10（不漏水）	/
		2℃	%	≥2.5（不漏水）	/

4.3.3　整平胶结层技术要求

整平胶结层采用普通沥青混凝土，要求具有良好的变形性能和耐久性，碾压后的技术要求见表 4.3－5。整平胶结层普通石油沥青混凝土全项指标试验成果见表 4.3－6。

4.3.4　沥青砂浆技术要求

沥青砂浆应保证连接部位黏结牢固、稳定、防渗、变形协调。其技术指标应满足表 4.3－7 的要求。

表 4.3-4　防渗层推荐配合比改性沥青混凝土力学性能试验成果

序号	项目		单位	技术要求	盘锦中油辽河沥青有限公司水工改性沥青 3#		盘锦中油辽河沥青有限公司水工改性沥青 5#		中海油气开发利用公司水工改性沥青 5#		中水科水工改性沥青 SK-2		中水科水工改性沥青 5#*	
					2#配合比	11#配合比	2#配合比		2#配合比	11#配合比	2#配合比		2#配合比	
					中水科	中水科	中水科	西安理工	中水科	中水科	中水科	西安理工	中水科	西安理工
1	密度		g/cm^3	实测	2.45	2.43	2.44	2.449	2.43	2.43	2.44	2.446	2.43	2.453
2	孔隙率		%	≤2	1.5	2.3	1.8	1.73	2.2	2.2	1.8	1.85	2.2	1.75
3	渗透系数		cm/s	$\leq 1\times10^{-8}$	0.37×10^{-8}	0.46×10^{-8}	0.35×10^{-8}	0.44×10^{-8}	0.48×10^{-8}	0.51×10^{-8}	0.39×10^{-8}	0.54×10^{-8}	0.43×10^{-8}	0.22×10^{-8}
4	水稳定系数		-	≥0.9	0.99	0.93	0.98	0.92	0.94	0.92	0.97	0.91	0.95	0.94
5	斜坡流淌值		mm	≤0.8	0.277	0.511	0.312	0.33	0.356	0.47	0.08	0.47	0.389	0.34
6	冻断温度	平均值	°C	≤-45	-45.0	-44.9	-45.4	-46.0	-42.2	-42.8	-45.7	-44.5	-47.5	-47.0
		最高值	°C	≤-43	-43.3	-44.5	-44.1	-44.4	-39.4	/	-41.0	-43.5	-45.9	-45.9
7	冻断应力		MPa	/	3.54	3.61	3.86	3.44	3.38	/	3.35	3.31	3.66	3.66
8	抗压强度		MPa	/	5.64	5.27	5.52	/	4.81	4.16	5.29	/	5.24	/
9	压缩应变		%	/	10.76	12.00	9.29	/	9.29	8.21	11.34	/	10.77	/
10	压缩模量		MPa	/	96.4	87.7	110.3	/	110.3	107.5	90.2	/	94.7	/
11	抗拉强度		MPa	/	2.02	1.13	1.37	1.37	1.59	1.19	1.32	1.29	1.33	1.18
12	拉伸应变		%	≥1.0	1.27	2.01	1.23	2.0	1.57	1.60	2.45	2.2	1.96	1.97
13	拉伸模量		MPa	/	202.84	191.82	225.30	67.6	241.88	157.91	153.27	58.6	137.97	59.9
14	抗弯强度		MPa	/	2.16	2.09	2.36	1.72	1.16	1.82	2.07	1.69	2.03	1.74
15	弯曲应变		%	≥2.5	8.16	7.29	8.25	5.0	5.70	5.92	8.26	6.1	8.43	5.4
16	挠跨比		%	/	6.6	6.0	6.8	4.2	4.7	4.9	6.3	5.2	6.9	4.5
17	弯曲模量		MPa	/	60.6	52.1	65.4	35.3	69.5	69.3	51.3	27.7	53.8	32.5
18	柔性试验（圆盘试验）	25 °C	%	≥10（不漏水）	11.7（不漏水）	/	/	11（不漏水）	/	/	11.5（不漏水）	10（不漏水）	/	10.2（不漏水）
		2 °C	%	≥2.5（不漏水）	4.6（不漏水）	/	/	2.5（不漏水）	/	/	4.4（不漏水）	2.6（不漏水）	/	2.5（不漏水）

表4.3－5　整平胶结层沥青混凝土技术要求

序号	项目	单位	技术要求	备注
1	密度	g/cm^3	实测	/
2	孔隙率	%	10～15	/
3	热稳定系数	-	≤4.5	20℃与50℃时的抗压强度之比
4	水稳定系数	-	≥0.85	/
5	渗透系数	cm/s	$1\times10^{-2}\sim1\times10^{-4}$	/
6	斜坡流淌值	mm	≤0.8	马歇尔试件（1：1.75，70℃，48h）

表4.3－6　整平胶结层普通石油沥青混凝土全项指标试验成果

项目	单位	技术要求	克拉玛依石化公司				辽河石化公司				中海油气开发利用公司			
			70（A）		90（A）		SG70#		SG90#		AH70#		AH90#	
			14#配合比	15#配合比	14#配合比	15#配合比	14#配合比	15#配合比	14#配合比	15#配合比	14#配合比	15#配合比	14#配合比	15#配合比
密度	g/cm^3	实测	2.24	2.24	2.29	2.25	2.28	2.31	2.31	2.30	2.26	2.24	2.28	2.29
孔隙率	%	10～15	14.4	13.9	12.2	12.0	12.2	10.9	11.3	11.1	13.6	13.4	12.7	11.6
渗透系数	cm/s	$1\times10^{-2}\sim1\times10^{-4}$	10.4×10^{-4}	3.9×10^{-4}	12.6×10^{-4}	2.8×10^{-4}	7.6×10^{-4}	1.0×10^{-4}	2.3×10^{-4}	0.8×10^{-4}	12.4×10^{-4}	8.7×10^{-4}	9.5×10^{-4}	1.3×10^{-4}
斜坡流淌值	mm	≤0.8	0.000	0.030	0.012	0.042	0.000	0.076	0.000	0.034	0.000	0.080	0.042	0.076
水稳定系数	-	≥0.85	1.00	0.99	0.94	0.95	0.99	0.96	0.93	0.96	0.91	0.99	0.95	0.95
热稳定系数	-	≤4.5	2.8	3.2	3.2	3.7	2.8	3.3	3.1	3.0	3.3	3.7	3.1	3.8
抗压强度	MPa	/	4.41	4.61	3.98	3.93	6.37	6.56	4.82	5.05	6.50	6.86	4.19	4.30
压缩应变	%	/	3.33	3.51	3.31	3.56	2.76	2.87	2.66	2.68	2.49	2.59	2.54	2.66
压缩模量	MPa	/	213.0	187.1	199.0	196.4	316.0	320.1	244.6	249.4	324.8	343.1	209.4	225.5

表 4.3-7　沥青砂浆技术要求

序号	项　目	单 位	技术指标	说 明
1	孔隙率	%	≤2	
2	小梁弯曲应变	%	≥4	试验温度 2℃
3	施工黏度	Pa·s	≥10^3 ~ 10^4	
4	分离度		≤1.05	

表 4.3-8　沥青砂浆试验成果

序号	项目		单位	技术要求	配合比（天然砂：填料：沥青）		
					70：15：15	65：20：15	60：25：15
1	密 度		g/cm^3	/	2.176	2.179	2.182
2	小梁弯曲	挠度	mm	/	8.3	9.2	8.6
		最大强度	MPa	/	2.6	2.8	3.3
		最大强度时应变	%	≥4%	5.0	5.6	5.2
		挠跨比	-	/	4.1	4.6	4.3
3	施工黏度		Pa·s	≥10^3 ~ 10^4	1.02×10^3	1.39×10^3	2.33×10^3
4	分离度		-	≤1.05	1.08	1.08	1.06

第 5 章　关键施工技术及质量控制

5.1　沥青混凝土施工成套设备自主研发

我国抽水蓄能电站沥青混凝土面板的施工设备经历了引进、消化、吸收和再创新的过程。早期建设的浙江天荒坪抽水蓄能电站沥青混凝土面板完全采用国外进口施工设备，后期建设的河北张河湾抽水蓄能电站、山西西龙池抽水蓄能电站等工程，在引进国外承包商提供的进口设备的基础上，通过消化、吸收进行了部分施工设备国产化的探索。呼蓄工程在总结以往工程经验基础上，结合工程自身的特殊性，在沥青混凝土面板施工设备研制方面进行了再创新，自主开发了沥青混凝土面板成套施工设备，实现了主、副绞架车等关键设备的全部国产化。

呼蓄电站上水库沥青混凝土面板工程与以往的类似工程相比较，具有如下特点：(1) 呼蓄上库工地地处高海拔严寒地区，冬长夏短、寒暑变化急剧，气温的年温差及日温差较大，5 月至 9 月风力 4 级以上天数较多，导致沥青混合料表面温度散失快，温控难度大。(2) 沥青混凝土面板防渗层采用的改性沥青，黏度之高创国内外类似工程之最，导致防渗层沥青混合料拌和难度大，且需要在较高温度下才能碾压密实，对施工过程控制要求精细化。(3) 呼蓄电站上水库沥青混凝土面板斜坡坡面坡比 1∶1.75，库底起弧到坡顶长度约 92m，不设横缝，一次摊铺，施工难度大。(4) 符合电力行业规范 DL/T5363—2006 要求的沥青混凝土正常施工的气象条件的施工时日少，工期紧，施工强度高。

为满足呼蓄电站的特殊要求及实现施工设备国产化的目标，在呼蓄工程中开展了沥青混合料拌和楼、沥青混合料运输设备、斜坡牵引设备（主绞车、副绞架车）、沥青混凝土摊铺机、碾压设备等沥青混凝土面板成套施工设备的研发工作，实现了施工设备国产化率100%的目标，设备使用效果良好。保证呼蓄工程高强度施工的要求，工程施工质量优良。

5.1.1 沥青混合料拌和系统的研发

沥青混合料拌和系统是确保沥青混凝土工程质量的关键技术之一。我国以往部分沥青混凝土面板工程出现的诸多问题，与当时沥青混合料的施工拌制精度差、设备不适应工程自身特点等有直接关系。

呼蓄工程针对以往工程中容易出现的问题，结合呼蓄上水库气候特点，与徐工集团工程机械股份有限公司合作研制出了适应呼蓄严寒条件特点的LQC240型强制间歇式沥青混合料拌和楼。

沥青拌和系统总体结构包括十大系统：(1) 冷料供给系统（初级配）；(2) 烘干加热系统；(3) 热料提升系统；(4) 拌和楼系统；(5) 粉料供给系统；(6) 成品料提升及储存系统；(7) 除尘系统；(8) 沥青导热油供给系统；(9) 燃料油供给系统；(10) 压缩气体供给系统。

拌和系统的配置情况详见表5.1－1：

表5.1－1 LQC240型沥青混合料搅拌设备技术规格表

型号		LQC240
铭牌生产能力（t/h）		180～240（标准工况）
冷料斗数量及规格		冷料斗6个，每个料仓容积11.5m^3
冷料上料设备（装载机）		1辆（5m^3）
燃油储存系统		柴油罐20t，燃料油罐50t
干燥滚筒处理能力t/h		260（骨料5%含水量时）
热骨料仓		5个，总容积不小于20m^3
计量精度	骨料	≤±0.5%
	矿料	≤±0.3%
	沥青	≤±0.2%
粉料罐		1×100t（独立矿粉罐）
布袋除尘		粉尘排放浓度<20（mg/Nm^3）（水洗料）
温度控制精度		规定值±5℃
普通沥青高温罐		1×50t
普通沥青储存罐		2×50t
改性沥青高温使用罐		1×50t
改性沥青备制储存罐		2×50t
导热油加热炉供热能力		100×10^4kcal/h，进口燃烧器
成品保温料仓		200t

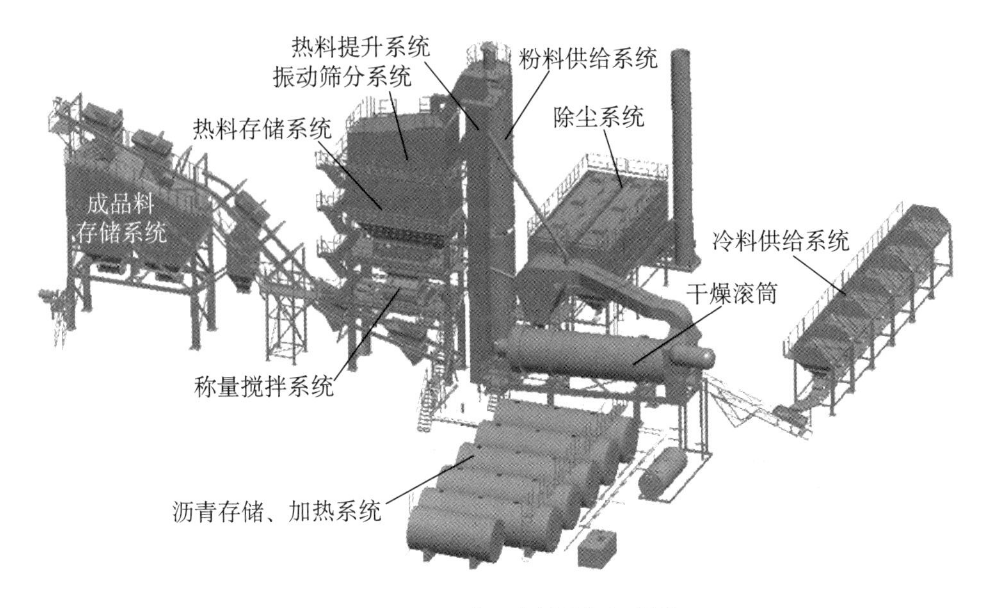

图 5.1－1　沥青混合料设备组成图

拌和系统主要技术特点：

（1）沥青混合料拌和系统采用自动记录，逐盘采集沥青、各种矿料用量及拌和温度等数据，具备根据实际上料情况自动调整矿料比例、沥青含量等功能，且设有二级除尘设施，可二次降低人工生产骨料石粉含量。

（2）冷料仓由公路拌和站的 5 个增至 6 个，热料仓由 4 个增至 5 个，提高了配料精度，配置了与水工沥青混凝土骨料级配相适应的热料筛分系统。

（3）计量精度采用先进的称量控制系统，沥青计量精度为 ±0.2% 以内，填料的计量精度为 ±0.3% 以内，矿料的计量精度为 ±0.5% 以内。

（4）为了降低加热系统的热量损失，配置改性沥青脱桶系统、沥青保温罐及加热高温罐，三套系统管道连通，统一导热油循环加热，管道外敷保温材料。

（5）为适应低温环境沥青混合料的生产，提高了沥青加热系统导热油炉的供热能力，配置了加热量为 1000000 kcal/h 的导热油炉；配置了功率为 18.5kw 大功率的沥青供应泵和 D80mm 沥青输送管道的管径。

经有针对性的设计后，投入工程使用的沥青拌和系统能够有效保证沥青混合料的生产质量和强度要求。工程实践证明沥青混凝土拌和系统能够将矿料级配偏差，矿料与沥青比例偏差控制在规范要求的范围之内，骨料加热温度、沥青加热温度及混合料拌制温度控制精准，拌制强度满足了呼蓄电站上水库有效施工期短、施工强度高的摊铺施工需求，日均生产能力达 1000t 以上，日最高生产量达 2300t。

图 5.1-2　沥青拌和系统实景

5.1.2　沥青混凝土摊铺和碾压设备的研发

沥青混凝土摊铺和碾压设备主要包括：主绞车、副绞车、平面摊铺机、斜坡摊铺机、双钢轮振动碾等。其中，主绞车、副绞车是需要自主研发的专用设备；平面摊铺机、斜坡摊铺机是需要改造的通用设备；双钢轮振动碾是可以直接利用的通用设备。本节主要叙述主绞车的研发情况。

（1）主绞车的作用

主绞车是为斜坡沥青混凝土面板施工设计的专用设备，它集行走、供料、摊铺和碾压牵引等功能于一身，是斜坡沥青混凝土面板施工中的关键主体设备。主绞车主要作用有两个：一是利用主绞车上的液压绞车通过钢丝绳牵引摊铺机和振动碾在坡面上施工，同时负责牵引斜坡运料车为摊铺机供料；二是在一个斜坡摊铺条带施工结束后，负责将斜坡摊铺机和运料车挪到下一施工工位。

（2）主绞车的机构组成

主绞车由履带底盘总成、机架、摊铺机液压绞车，运料车液压绞车、旋臂起重机、料斗、活动斜平台总成、柴油机液压泵站、司机室、液压系统、电气系统组成。其中旋臂起重机上设有料斗提升液压绞车、液压回转装置。机架搁置在履带底盘上，旋臂起重机设置在机架顶部。斜平台总成按照库坝的坡角横穿机架并搁置于机架上。送料车的液压绞车布置在底平台后部。柴油机液压泵房设在机架底部左端。司机室固定在机架上部正前方。

主绞车由七大工作执行机构组成：摊铺机绞车卷扬，运料车绞车卷扬，料斗提升绞车卷扬，旋臂起重机回转，履带行走，活动斜平台俯仰和伸缩。七大执行机构全部采用液压驱动。牵引车上设立了柴油机液压泵站，为各执行机构提供液压动力源。

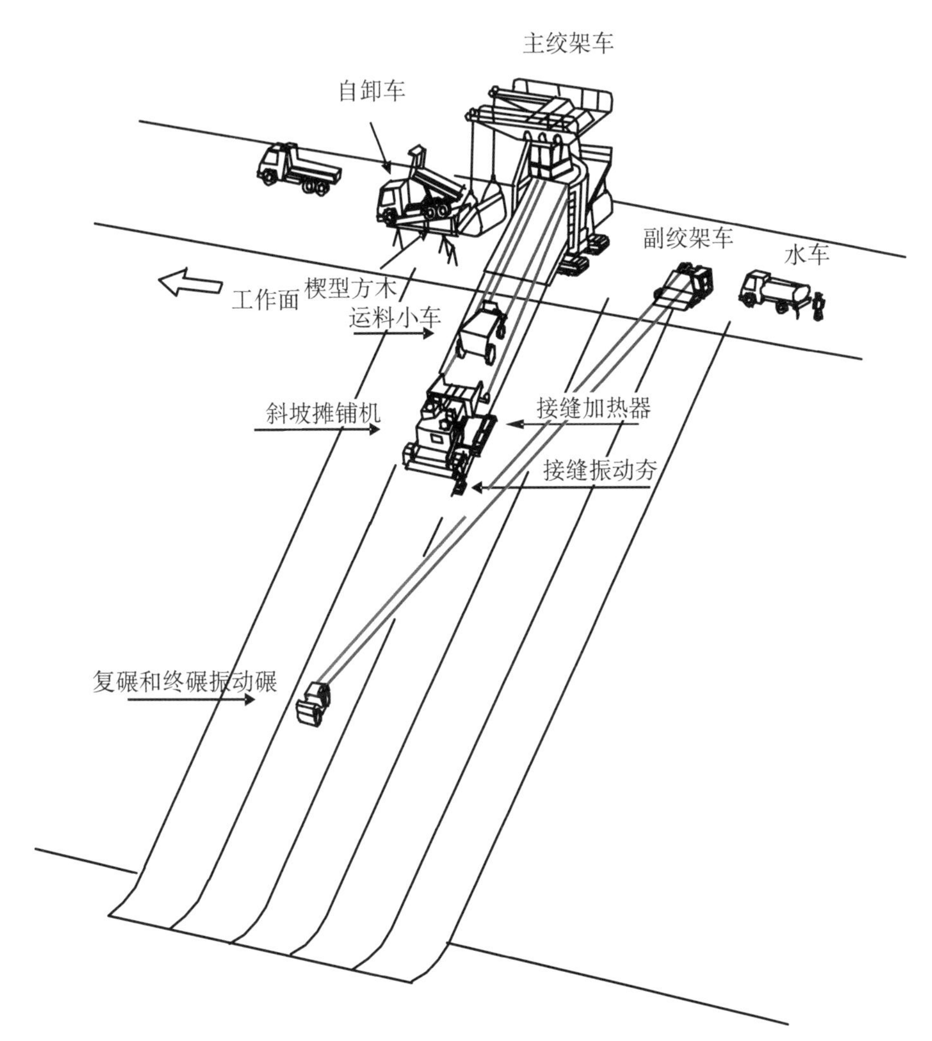

图5.1-3 沥青混凝土摊铺碾压设备工作示意图

(3) 主绞车的主要性能参数

① 工作环境条件

海拔高度：>1000m

环境温度：-25℃ ~ +45℃

风力：工作风 qⅡ =250N/m² (风速20m/s)

非工作风 qⅢ =600N/m² (风速31.3m/s)

空气湿度：>90% (相对湿度)

地震烈度：≤5 级

路面条件：压实砾石平坦路面。

② 主要性能参数

主尺寸：全长 12500mm，全宽 8775mm，全高 12145mm。

自重：126.5t

行走速度：0～6m/min

活动斜平台俯仰角度：+16°～-5°

伸缩距离：300mm

底盘：QUY100 履带起重机底盘改制。

旋臂起重机起重量：12t

料斗容积：3.6m^3

工作幅度：7.2m

起升扬程：10m

起升速度：0～10m/min

回转角度：±110°

回转速度：1.2r/min

摊铺机液压绞车速度：0.5～5m/min（施工时）；

0～15m/min（高速卷扬时）

容绳量：≥100m

运料车液压绞车速度：0～22.5m/min（送料时）；

0～45m/min（空车时）

容绳量：≥110m

履带底盘行走速度：0～6m/min

爬坡能力：<8.75%

转弯半径：能原地回转

承载能力（垂直负载）：施工时 148.9t，行走时 159t。

（4）设备使用效果

呼蓄电站上水库沥青混凝土面板工程共研制了两种主绞车，分别由中国葛洲坝集团公司和北京中水科海利工程技术有限公司研制，两者的主要功能基本一致。两者的主要区别：前者利用带回转装置的旋臂起重机受料，可以 360°旋转，因此受料方向不受限制，有利于施工安排和设备布置，利于坝顶多部位同时施工布置；后者采用导轨提升斗受料，上料速度快。

在呼蓄电站研制的沥青混凝土摊铺和碾压设备，经工程实践考验，满足工程量大、有效施工期短的高强度施工要求，使用效果良好。

5.2　沥青混凝土面板施工技术再创新

呼蓄工程为满足严寒地区施工对温控及施工精度的严格要求，对常规沥青混凝土面板施工技术进行了再创新。

5.2.1　拌和系统均衡上料工艺

沥青混合料拌和系统生产时将各级冷料仓中的骨料经过传输皮带传送至烘干滚筒，各级骨料在烘干滚筒中加热、烘干、除尘后再经二次筛分后进入各级热料仓。拌料时通过热料仓下面的计量秤将热料按一定比例混合，再按比例加入矿粉和沥青进行拌和。这种冷料上料方式的缺点是，冷料仓的上料方式是通过皮带传送，不易固定上料量。同时由于各个热料仓与各个冷料仓一般无对应关系，某一热料仓的料可能来自不同的冷料仓。因此，冷料仓上料方式可能会造成拌和系统连续运行时某些热料仓出现溢料，某些热料仓出现缺料现象，影响连续生产，同时还会影响各个热料仓内的骨料级配，造成配料不稳定，影响配料质量。因此研究如何实现均衡上料，对于稳定沥青混合料的质量具有积极意义。

拌和站设有 6 个冷料仓，分别是粗石 1、中石 2、细石 3、米石 4、人工砂 5 和天然砂 6。现场采用各料仓分别上料测试：（1）测试各料仓的卸料皮带电机频率 f 与卸料速度 v 的关系；（2）测试各料仓上料后，进入各热料仓的比例，q_{jk}表示 k 冷料仓进入 j 热料仓的入料百分数。测试结果如表 5.2－1。

表 5.2－1　冷料仓电机频率与卸料速度的关系

冷料仓	电机频率 f	卸料速度 kg/min	相关关系
粗石 1	5	400.6	V＝30.84f＋238.5
	10	531	
	15	709	
中石 2	5	235	V＝51.5f－31.7
	10	465	
	15	750	
细石 3	5	347.5	V＝45.75f＋104
	10	532	
	15	805	

续表

冷料仓	电机频率 f	卸料速度 kg/min	相关关系
米石 4	5	360	V = 77. 9f - 13
	10	799	
	15	1139	
人工砂 5	5	254. 5	V = 73. 25f - 102
	10	650	
	15	987	
天然砂 6	5	331	V = 73. 3f - 70
	10	595	
	15	1064	

生产试验中，以防渗层室内配合比作为基础进行上料优化试验。

表 5.2-2　防渗层室内配合比

矿料筛孔（mm）通过率%											沥青含量%
1	2	3	4	5	6	7	8	9	10	11	
19	16	13. 2	9. 5	4. 75	2. 36	1. 18	0. 6	0. 3	0. 15	0. 074	
100	100	96. 6	89. 3	65. 4	50	37. 2	27. 2	17. 6	14. 2	11. 0	7. 3

假定第 i 筛孔上设计配合比的通过率为 P_i（i = 1，2，…，11），热料仓有 5 个料仓，j 料仓热料的筛孔 i 通过率为 p_{ij}，j 料仓配料比例为 x_j（j = 1，2，…，5），则筛孔 i 的配料偏差为Δ_i，总偏差为 Q

$$\Delta_i = P_i - \sum_{j=1}^{5} p_{ij}x_j \qquad Q = \sum_{i=1}^{11} \Delta_i^2 = \sum_{i=1}^{11} (P_i - \sum_{j=1}^{5} p_{ij}x_j)^2$$

（公式 5. 2 - 1）

对公式（5. 2 - 1）优化使其最小，可求解出热料仓的配料比例 x_j（j = 1，2，…，5）。

进一步，j 热料仓热料 x_j（j = 1，2，…，5）与冷料仓有关。冷料仓有 6 个料仓，k 冷料仓进入 j 热料仓的比例为 q_{jk}，k 冷料仓的配料比例为 y_k（k = 1，2，…，6），则 j 热料仓热料 x_j（j = 1，2，…，5）为

$$x_j = \sum_{k=1}^{6} q_{jk}y_k$$（公式 5. 2 - 2）

将公式（5. 2 - 2）代入公式（5. 2 - 1）可得

$$Q = \sum_{i=1}^{11} \Delta_i^2 = \sum_{i=1}^{11} (P_i - \sum_{j=1}^{5} p_{ij} \sum_{k=1}^{6} q_{jk}y_k)^2$$（公式 5. 2 - 3）

对公式（5. 2 - 3）优化使其最小，可求解出冷料仓的配料比例 y_k（k = 1，2，…，6）。

设各冷料仓是同时上料，即上料时间相同，则合成级配 y_k（k=1，2，…，6）与上料速度 V_k（k=1，2，…，6）的相互比例相同。根据拌和站运行经验，各冷料仓的上料频率 f_k（k=1，2，…，6）是有限制的，即（1）一般 $f_k \geqslant 2$，否则不能出料；（2）各料仓的频率之和 $\sum_{k=1}^{6} f_k \leqslant 40$，否则会导致上料过快，矿料温度偏低。根据这两个条件，再根据表5.2－1中上料速度 V_k（k=1，2，…，6）与电机频率 f_k 的关系可以计算出各冷料仓上料频率，就可以选定冷料上料方案 f_k（k=1，2，…，6）。

计算上述冷料仓的配料比例 y_k（k=1，2，…，6）需要知道热料的筛分结果，而热料的筛分结果又与冷料仓的配料比例有关，这就可以采用多次试配逐次逼近的方法求解冷料仓的配料比例 y_k（k=1，2，…，6）。为了减少试配的次数，初次上料时应尽量精确，其配料比例可以根据冷料的筛分级配和目标级配按公式（5.2－1）计算确定。

上料时按照表5.2－3的计算结果进行上料，所得的热料筛分结果见表5.2－4。

表5.2－3 冷料粗配比例计算结果（通过率%）

材料	配料比例%	电机频率 Hz	筛孔孔径（mm）										
			19	16	13.2	9.5	4.75	2.36	1.18	0.6	0.3	0.15	0.075
中石	13.0	5.7	100	100	74.0	25.9	0	0	0	0	0	0	0
细石	19.8	6.4	100	100	100	100	12.1	0	0	0	0	0	0
米石	11.0	3.0	100	100	100	100	92.5	0	0	0	0	0	0
人工砂	24.4	8.1	100	100	100	100	100	94.7	70.9	51.0	33.5	25.5	13.9
天然砂	24.4	7.6	100	100	99.3	95.8	86.2	71.9	55.8	37.5	12.8	4.6	1.1
矿粉	/	/	100	100	100	100	100	100	100	100	100	100	99.3
目标级配			100	100	96.6	89.3	65.4	50.0	37.2	27.2	17.6	14.2	11.0
合成级配			100	100	96.4	89.3	65.4	48.1	38.3	29.0	18.7	14.0	11.0

表5.2－4 拌和楼热料筛分结果（通过率%）

材料	筛孔孔径（mm）										
	19	16	13.2	9.5	4.75	2.36	1.18	0.6	0.3	0.15	0.075
中石	100	100	65.8	4.4	0	0	0	0	0	0	0
细石	100	100	98.7	88.2	3.1	0.5	0	0	0	0	0
米石	100	100	99.7	99.4	63.5	10.9	0	0	0	0	0
砂	100	100	100	100	99.3	90.9	61.7	37.9	15.3	7.9	2.2

从以上结果可以看出，冷料的组成比例和热料的筛分结果基本趋于稳定，实现了均衡上料，且经过拌和楼长时间运行证明没有溢料和缺料现象。拌和楼实际运行

中，每天抽样检测各级热料仓的骨料级配和沥青混合料的抽提级配，当出现较大偏差时，可及时调整上料速度，保证上料均衡，实现连续生产，减少浪费，并且保证配料更加精确。

5.2.2 沥青混凝土全过程温控技术

由于沥青混凝土的热施工特性，决定了温度控制是沥青混凝土施工过程中质量控制的核心要素，温度控制需要贯穿于沥青混凝土施工各工艺环节。

呼蓄电站上水库地处严寒地带，且在大山之巅，即使在夏季气温仍偏低，并且大风天气居多，实践证明，在这样的气候条件下进行沥青混凝土面板施工，必须建立严格系统的温控保温措施，才能有效保证施工质量。

通过总结国内类似工程施工经验，经不断地摸索、改进、实践、创新，形成了一套严格、成熟、完善的沥青混凝土施工温控措施，不但保证了施工质量，也为日后类似工程积累了宝贵的经验。

（1）沥青混合料拌制及储存环节的温控措施

① 沥青、骨料、矿粉等原材料的温度控制

沥青混合料生产时，提前将罐内沥青的温度加热至规定温度，普通沥青控制在150℃～170℃；改性沥青控制在160℃～180℃。

冷骨料进入烘干筒加料升温，防渗层及加厚层的骨料加热温度按180℃～200℃控制，整平胶结层的骨料加热温度按170℃～190℃控制。

填料掺量较小，不需单独加热，其加热热量由热骨料提供。

表5.2－5　原材料温度控制标准

项　目	防渗层和加厚层 改性沥青混凝土	整平胶结层 普通沥青混凝土	沥青砂浆 （改性沥青）	改性沥青封闭层 沥青玛蹄脂
沥青 （加热罐）	160℃～180℃	150℃～170℃	160℃～180℃	160℃～180℃
骨料 （烘干筒）	180℃～200℃	170℃～190℃	180℃～200℃	180℃～200℃

②沥青混合料生产拌制温度控制

沥青混合料的拌和是将粗细骨料及填料先拌和均匀，再加入沥青拌和。这种方式可使各种矿料先进行热交换，使温度较低的填料能先升温，在加入沥青前，矿料温度均匀，防止出现局部沥青老化及局部混合料温度不够的现象，从而保证了沥青混合料的质量。

表 5.2－6　沥青混合料出机口温度控制标准

项　目	防渗层和加厚层改性沥青混凝土	整平胶结层普通沥青混凝土	沥青砂浆（改性沥青）	改性沥青封闭层沥青玛蹄脂
混合料（出机口）	160℃～180℃	150℃～170℃	160℃～180℃	180℃～200℃

呼蓄工程考虑到严寒气候的特性，在低温季节施工时，沥青混合料出机口温度按技术要求的上限控制。

③ 拌和系统关键部位的保温

为保证原材料及沥青混合料生产的温控要求，呼蓄电站沥青混合料生产系统在研发过程中充分考虑呼蓄电站上水库严寒环境的特殊性，系统满足在低温条件下启动及连续工作的要求。

沥青拌和站气动系统包括气源发生部分（空气压缩机）、管路部分、控制部分、执行部分、辅助部分。空压机的开机环境温度不能低于 1℃，为保证在 1℃以下，空压机能够正常工作，在空压机四周建一封闭房，当大气温度降低至 1℃以下时，在室内加电暖器升温，保证空压机周围的气体温度在 10℃以上。气动系统所有管路和控制器进行保温覆盖、加电热丝提温，以保证管路和控制系统能正常地运行。

（2）沥青混合料运输环节的温控措施

减少沥青混合料在运输过程中的温度损失，特别是在环境温度较低、风力较大的气候环境下，是沥青混凝土施工温控的重要环节，要采取可靠措施保证沥青混合料在运输过程中的温度损失不大于 5℃。

① 沥青混凝土拌和楼建在距离库盆较近的地点，减少运输距离，缩短运输时间。

② 运输车选用吨位不小于 18t 的大型自卸车，车厢进行保温加热改造。

③ 保证车辆的满载运输。

④ 配置充足运输车辆，及时维修保养，保证车辆完好率。

⑤ 低温施工时在卸料斗及运料车加设厚毡布，减少混合料在垂直运输阶段的温度损失。

（3）沥青混凝土摊铺和碾压环节的温控措施

沥青混凝土摊铺和碾压环节温控的核心是采取有效措施保障初碾、复碾、终碾各阶段的碾压温度满足技术要求。控制标准见表 5.2－7：

表 5.2-7　沥青混凝土摊铺和碾压施工温度控制标准（单位：℃）

项目	防渗层、加厚层改性沥青混凝土	整平胶结层普通石油沥青混凝土
摊铺温度	150～170	140～160
初始碾压温度	>140	>130
二次碾压温度	>115	>105
终碾温度	>90	>90

沥青混凝土摊铺和碾压环节的温控重点措施如下：

① 低温或风力较大气候条件下在摊铺机上增加保温设施减少热量损失。

② 低温或风力较大气候条件下对沥青混凝土防渗层、加厚层、整平胶结层摊铺温度按照控制标准的上限进行控制。

③ 沥青混凝土混合料在摊铺过程中温度损失较快，在摊铺机铺料完成后，尽快进行第一遍碾压，减少混合料内部温度损失。

④ 受施工条件的影响，不能及时进行碾压的部分，使用保温被覆盖，并优先进行沥青混凝土接缝部位的碾压。

（4）沥青混凝土施工各环节温度控制检验频次

表 5.2-8　温度控制检验频次及方法

项目	检验频次及方法
到场温度	每车 1 次
摊铺温度	每 5m 检测 1 次
初碾温度	每 25m 检测 1 次
复碾温度	每 25m 检测 1 次
终碾温度	每 25m 检测 1 次
冷接缝加热温度	横向 2 次；纵向每 10m 检测 1 次
封闭层涂刷温度	每条检测 2 次

5.2.3　斜坡跟进碾压施工工艺

在沥青混凝土施工过程中，碾压是沥青混凝土面板成型的最后一道工序，是保证沥青混凝土面板施工质量的极其重要的环节。其核心是必须保证摊铺后的沥青混合料在规定的温度控制标准以上进行初碾、复碾和终碾，其中又以能否及时进行初碾最为重要。

在水平施工的库底摊铺区域，摊铺机铺料后，及时进行初碾、复碾和终碾工作是容易做到的。而在斜坡施工的库坡摊铺区域，由于振动碾在 1∶1.75 的坡面上无法自行上下，需要在库顶副绞车的牵引下工作，振动碾牵引系统受到斜坡摊铺机的干扰，导致摊铺机正后方约 20m 范围内的区域处于滞后碾压状态，当环境气温低，风大及摊铺机停顿待料时，这个滞后碾压的区域由于不能及时碾压，存在质量不合格的风险。

呼蓄电站上水库地处严寒地区，环境气温低、风大的情况对斜坡沥青混凝土施工质量的影响较大。为解决上述问题，本项目在总结了国内类似工程施工经验的基础上，通过不断地摸索、改进、实践、创新，在斜坡摊铺机后部增加了一套牵引系统，并形成了一套严格、成熟、完善的斜坡跟进碾压技术，不但保证了施工质量，也为日后类似工程积累了宝贵的经验。

5.2.4　沥青混凝土面板细部结构施工工艺

（1）沥青混凝土面板接缝施工工艺

沥青混凝土面板施工过程中，相邻施工条带之间的施工接缝是沥青混凝土面板的相对薄弱部位，也是沥青混凝土面板施工过程中质量控制的重点，为确保接缝部位的施工质量与面板其他部位保持基本一致，本项目总结出了一整套完善的沥青混凝土面板接缝施工工艺。

① 施工条带的规划

施工条带规划的基本原则是：根据现场情况合理规划施工条带，尽量使施工接缝数量最少；除库底环形条带外，原则上不允许设置横向接缝；条带规划应有利于连续施工，减少冷缝数量。

② 接缝成型的要求

先铺条带接缝按设计要求碾压密实，接缝成型坡度宜为 30°～45°。

③ 热缝施工工艺

热缝是指混合料摊铺时，相邻条幅的混合料已经预压实到至少 90% 以上，但温度仍处于 90℃以上适于碾压情况下的接缝。施工工艺见图 5.2－2。

④ 冷缝施工工艺

冷缝是指在连续施工结束时所形成的接缝、温度低于 90℃的接缝或是某些区域的边缘所形成的接缝。

a. 清理接缝表面杂物、灰尘等，保持接缝表面清洁、干燥。

b. 接缝表面涂刷热沥青。

c. 使用红外线接缝加热器对接缝进行加热，红外线加热器温度控制在 170℃ ± 10℃，接缝表面加热温度应控制在 100℃～120℃之间，防止因温度过高而使沥青老

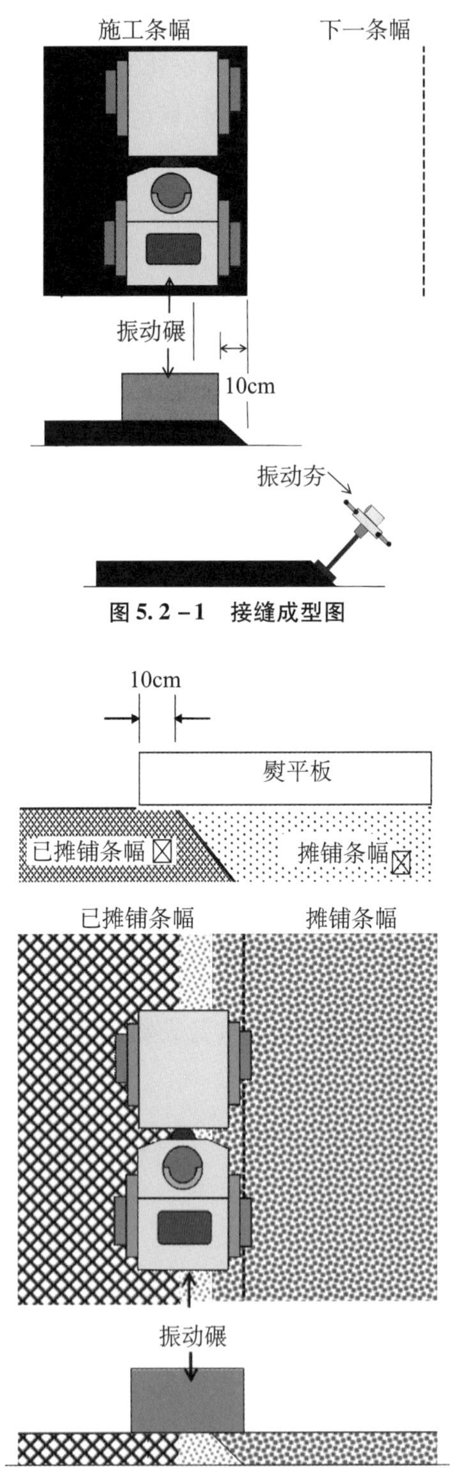

图 5.2－1　接缝成型图

图 5.2－2　热缝施工工艺图

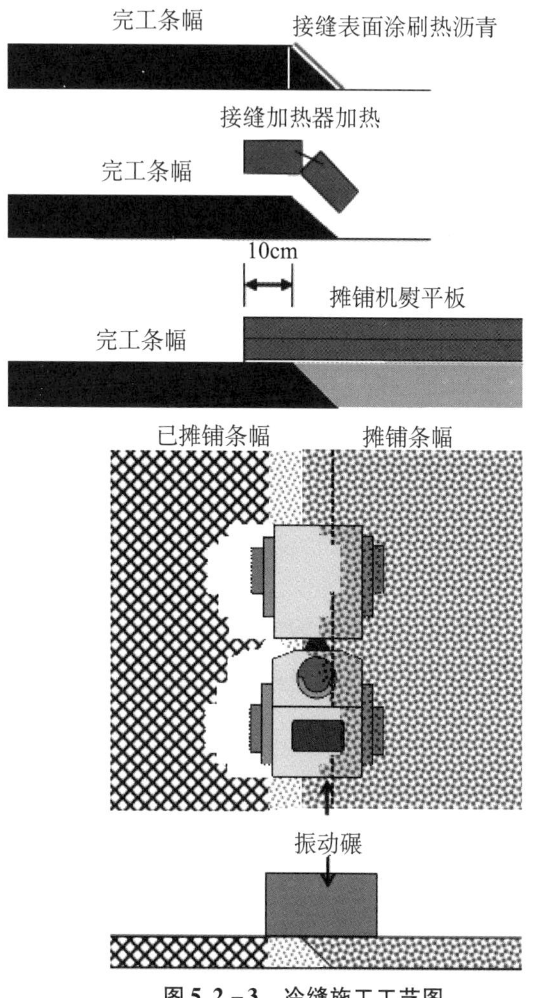

图 5.2－3　冷缝施工工艺图

化，在缝面以下深 7cm 处温度应不低于 60℃。

d. 摊铺机铺料时熨平板跨缝搭接 10cm。

e. 振动碾跨缝 15cm 碾压。

⑤ 接缝质量检测

a. 使用核子密度仪及真空渗气仪进行检测，检测频次为热接缝 1 次/100m ；冷接缝 1 次/20m。

b. 芯样试验检测。库盆芯样试验检测应尽量安排在接缝处进行。

（2）曲面段及圆弧段施工工艺

① 曲面段施工工艺

沥青混凝土面板的曲面部位的摊铺施工是斜坡施工中的难点，尽可能减少曲面部位的三角形条带。因此将斜坡曲面的铺筑分成诸多个梯形条带，即条幅的设置在斜坡底部较窄，在斜坡顶部较宽，但顶部宽度不能超过摊铺机可以摊铺的宽度。

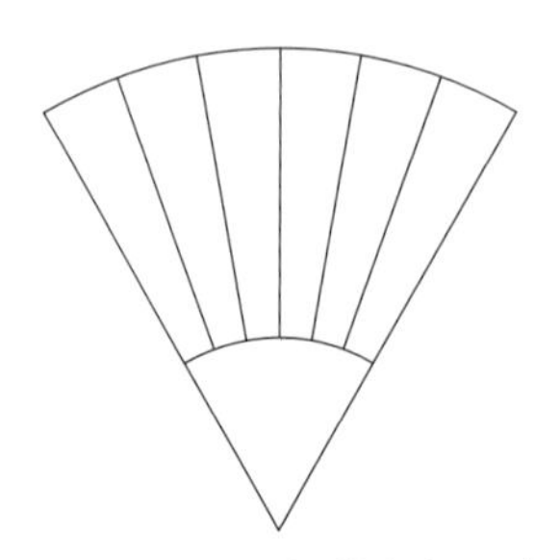

图 5.2-4　曲面摊铺条幅示意图

曲面的条幅一般为底宽 1.1~2.2m 不等，顶宽 4.25m 左右。必须使用熨平板可变幅的摊铺机，在摊铺过程中摊铺机熨平板随摊铺条幅宽度的变化进行调节。曲面沥青混凝土碾压参数与斜坡其他部位相同。

② 圆弧段施工工艺

库底、坝顶 1∶1.75 斜坡结合的圆弧段施工部位，需采用人工摊铺和机械摊铺相结合的方法施工，其范围包括水平段、圆弧段和斜坡段，该部位的断面结构自下而上为：8cm 整平胶结层、敷设加强网格、10cm 防渗层以及 2mm 玛蹄脂封闭层。敷设加强网格的部位，在网格表面涂刷乳化沥青。

摊铺机在库底圆弧段摊铺时行驶速度适当降低，便于人工调整摊铺机熨平板控制弧度和厚度，直到进入到斜坡直线段时再将速度提升到正常速度。

摊铺机在库顶圆弧段摊铺到顶并拉上卷扬机平台后，人工用木耙将摊铺机留下的沥青混合料铺平，铺平后立刻用振动夯板压实 5~6 遍。压实后的厚度与摊铺机的摊铺压实厚度相同。

网格铺好后应拉平，不得有褶皱，并应粘好，网格搭接宽度大于 25cm。网格敷设后，其上涂乳化沥青，并待乳化沥青中的水分蒸发后，才能摊铺其上的防渗层，进行网格上的防渗层摊铺时，注意保护不损坏网格。

（3）层间结合部位施工工艺

为保证沥青面板各铺筑层间紧密结合，必须遵守以下规定：

① 铺筑上一层时，下一层层面必须干燥、洁净，严禁层面泼洒柴油，以免发生鼓泡。当层面有灰尘、泥土、散落石子等杂物时，应用压缩空气等吹净，原则上不可用水冲洗。

② 沥青混凝土面板各层铺筑的间隔时间应以不超过 48h 为宜。

③ 整平胶结层与防渗层条幅要错开摊铺，错距大于50cm。

④ 加强网格部位施工。加强网格置于防渗层和加厚层之间，用于加强防渗层的抗变形能力。铺设加强网格前首先在加厚层上均匀地喷洒一层乳化沥青，用量不超过1kg/m^2，厚度不超过1mm。待乳化沥青干燥后将加强网格铺上、拉紧。加强网格搭接宽度至少25cm，用钉子将加强网格固定在加厚层上，然后再在其上均匀地喷洒一层乳化沥青。待冷沥青干燥后再摊铺其上的防渗层沥青混凝土。摊铺过程应特别注意保护施工面的干燥和确保加强网格的平展。

（4）沥青混凝土面板与刚性建筑物连接部位的施工工艺

沥青混凝土面板与刚性建筑物的连接面不允许有锚栓、支杆等构件穿过面板。沥青混凝土与水泥混凝土的联结过程为，先将混凝土表面的水泥浆硬壳用钢丝刷或凿毛机凿毛，清出完好的混凝土，用压缩空气清除所有附着物。然后在混凝土表面喷刷或涂刷一层冷沥青材料（稀释沥青），待其干燥后再铺设塑性过渡材料，然后铺沥青砂浆或沥青混凝土等。混凝土表面在涂刷冷沥青前应烘干。

呼蓄工程进/出水口周边廊道与沥青混凝土面板连接。参见图5.2－5。

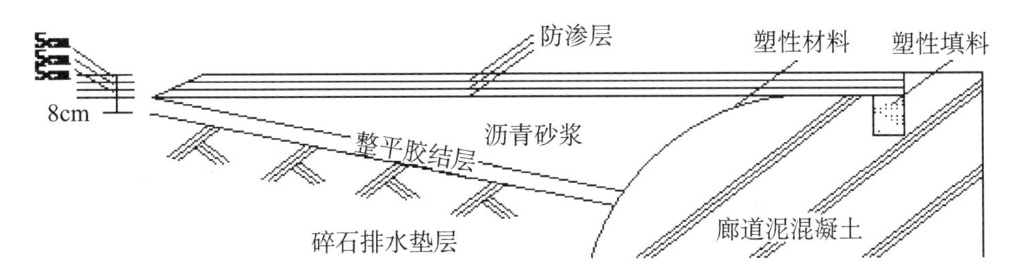

图5.2－5　与廊道混凝土连接部位结构示意图

先按前面所述方法完成廊道混凝土表面的冷沥青喷涂，待其干燥后均匀铺一层厚度为3mm的塑性过渡料。

对廊道混凝土上的止水槽用塑性填料嵌填。在止水槽嵌填之前，应将混凝土表面及止水片（带）表面清除干净，涂冷沥青材料，最后嵌填塑性填料。

在廊道混凝土表面的冷沥青涂料、塑性过渡料和塑性填料施工完成2～3天之后，再进行与其相接的沥青混凝土的摊铺施工。

首先按图5.2－6所示进行整平胶结层的摊铺与碾压施工。在水泥混凝土的边缘用0.7t振动碾和小型平板夯碾压。

其次是沥青砂浆施工。其施工方法如图5.2－7所示。人工卸下沥青砂浆然后摊开，每层最大厚度控制在20cm以内。然后在其上铺木板，用平板夯压实。

再者就是防渗层施工，如图5.2－8所示。此处防渗层施工要分层施工，采用小

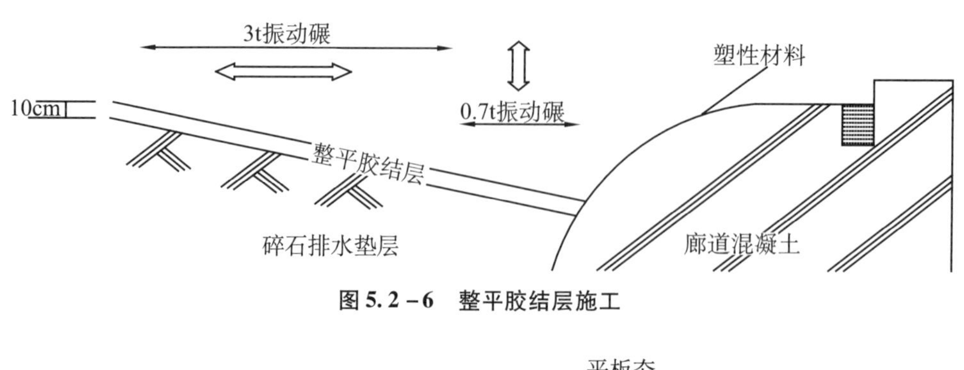

图 5.2－6　整平胶结层施工

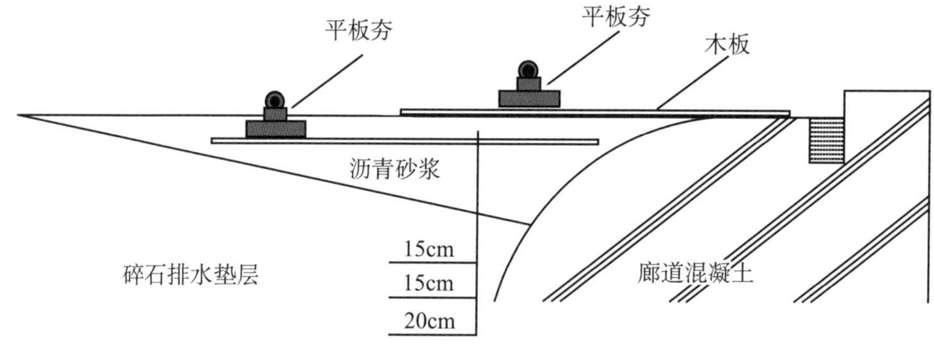

图 5.2－7　沥青砂浆施工

振动碾或平板夯压实。每层摊铺厚度为5cm，采用0.7t振动碾和平板夯压实。

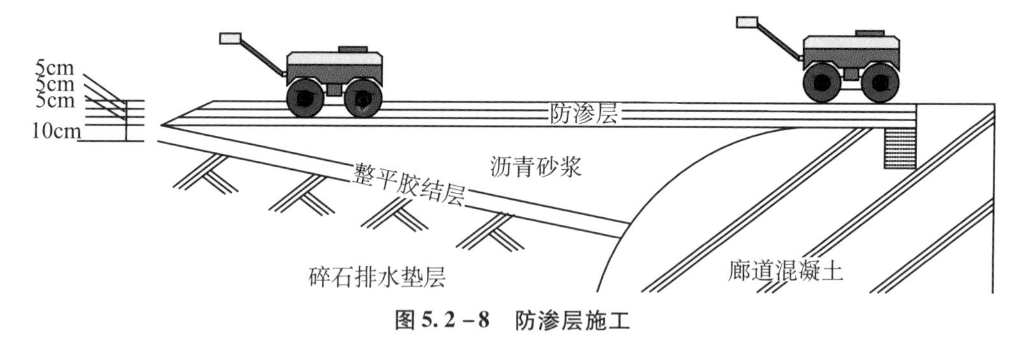

图 5.2－8　防渗层施工

（5）沥青混凝土面板边缘、边角部位人工摊铺施工

首先尽量减少人工摊铺作业，充分利用摊铺机械施工。

边缘、边角部位采用机械喂料人工摊铺时，严禁扬锹远甩混合料。铁锹等可沾防粘剂减少粘料。沥青混合料用木耙铺平，并随即用振动夯板跟进压实5～6遍，以减少沥青混合料的热量散失，确保人工摊铺质量。

对振动碾可以触及的部位，在振动夯板压实后再补压2～3遍。当气温较低且不能及时振动碾压时，对沥青混凝土表面临时覆盖苫布保温。振动碾无法触及的部位则加强振动夯板压实。

（6）沥青混凝土面板试验孔封堵工艺

试验孔封堵具体步骤如下：

① 把试验孔边缘切成45°形状。

② 清理孔壁表面，不留下任何杂物。

③ 涂刷稀释沥青。

④ 用红外线加热器加热孔壁，孔壁周围加热温度标准与冷接缝工艺相同。

⑤ 用相同的混合料分层回填，每层小于5cm，均要求用手动夯击打密实，并保证表面平整光滑。

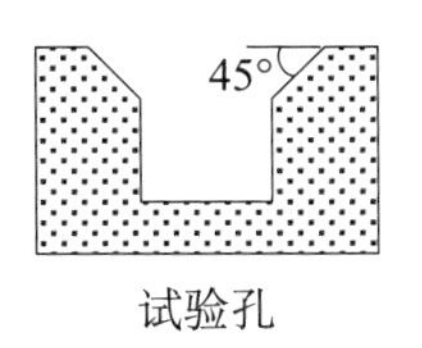

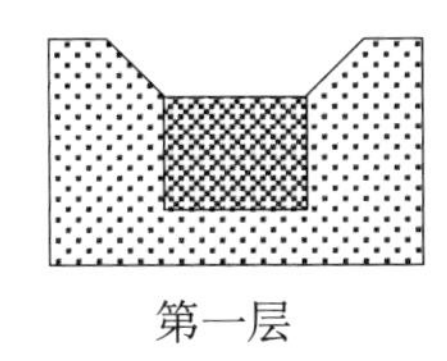

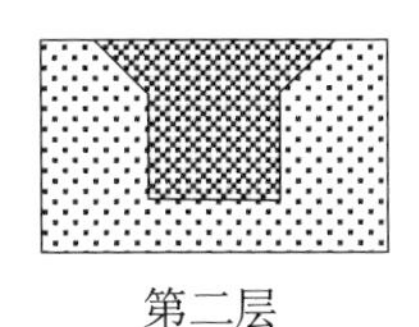

图5.2-9　试验孔封堵工艺示意图

5.2.5　沥青混凝土面板越冬保护技术

呼蓄电站沥青混凝土面板蓄水后，为防止冬季全库盆结冰后对沥青混凝土防渗面板造成挤压破坏，采用除冰技术使沥青混凝土防渗面板与冰层分离。

① 在冰面以下沿沥青混凝土防渗面板安装扰水设施

扰水设施工作后，在面板和冰盖之间形成约2m宽水槽，使冰盖与沥青混凝土防渗面板分离。扰水设施由水泵、喷水花管、控制电路组成，喷水花管位于水面下30～50cm。设施布置见图5.2-10：

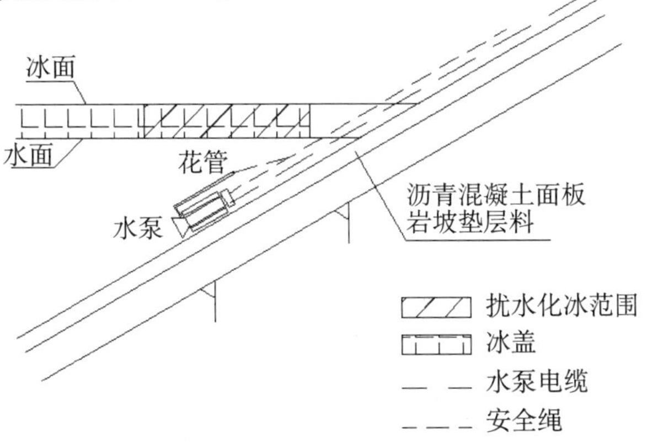

图5.2-10　扰水设施布置图

② 呼蓄电站上水库越冬除冰扰水设施布置案例（详见图5.2-11）

根据扰水设施布置方案，安装3条电缆线路，每条线路上安装3个配电箱，每200m安装1个，每个配电箱控制6套扰水设施。每个控制柜内安装6个空气开关，每个空气开关控制 1 套扰水设施。

所有泵、配电箱、喷水设施和电缆等均由周边“绳索网络”固定。“绳索网络”由环形绳索和若干纵向绳索组成，环形绳索沿库周布置于冰面以上 2～3m，由纵向绳索固定，纵向绳索间距 30～40m，一端固定于环库防拦墙顶部。

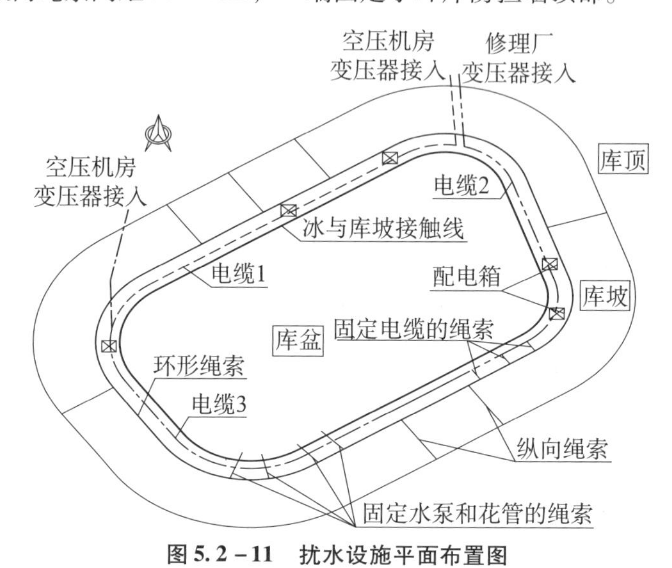

图 5.2－11　扰水设施平面布置图

③ 呼蓄电站越冬除冰效果

呼蓄电站越冬除冰设施冬季运行后，达到了冰盖与沥青混凝土防渗面板分离的目的，效果良好。

图 5.2－12　局部水面扰动实际效果图

图 5.2－13　上水库冬季除冰效果全景图

5.3　沥青混凝土面板柔性试验方法研究

目前防渗层的技术要求，除《土石坝沥青混凝土面板和心墙设计规范》DL/T 5411—2009 规定的项目外，已建工程设计一般还提出柔性指标用来评价面板的变形性能，但《水工沥青混凝土试验规程》DL/T 5362—2006 中没有相关试验方法。目前，西方国家大都仅采用 Van Asbeck 圆盘柔性试验来评价沥青混凝土面板变形性能，圆盘试验设备及试件示意见图 5.3－1，该试验一般要求试件在发生 1/10 的挠度变形条件下仍不透水。

圆盘试件中心的应变由下列公式计算：

$$\sigma_t = \frac{3p}{8t^2}\left[(1+v)a^2-(1+3v)r^2\right]$$

$$\sigma_r = \frac{3p}{8t^2}\left[(1+v)a^2-(1+3v)r^2\right]$$

$$\varepsilon_t = \frac{1}{E}(\sigma_t - v\sigma_t)$$

$$\varepsilon_r = \frac{1}{E}(\sigma_r - v\sigma_t)$$

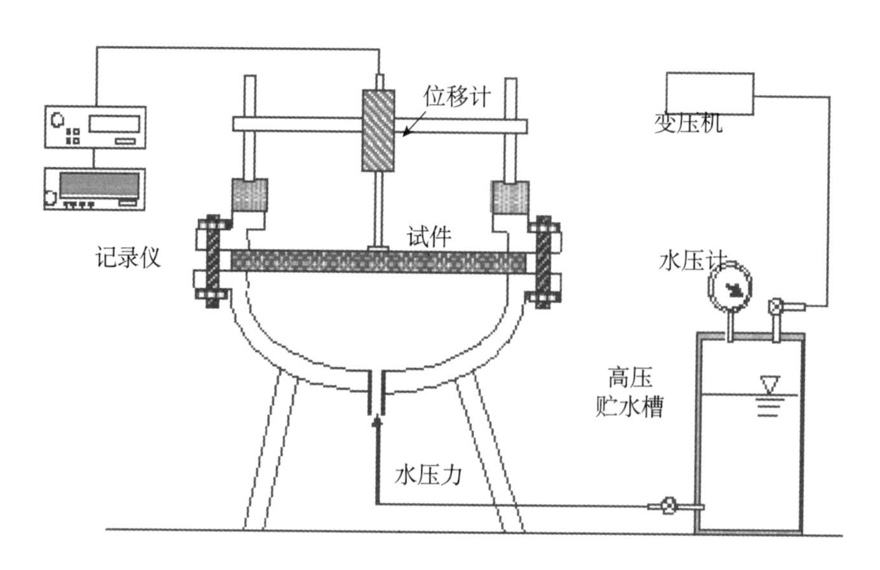

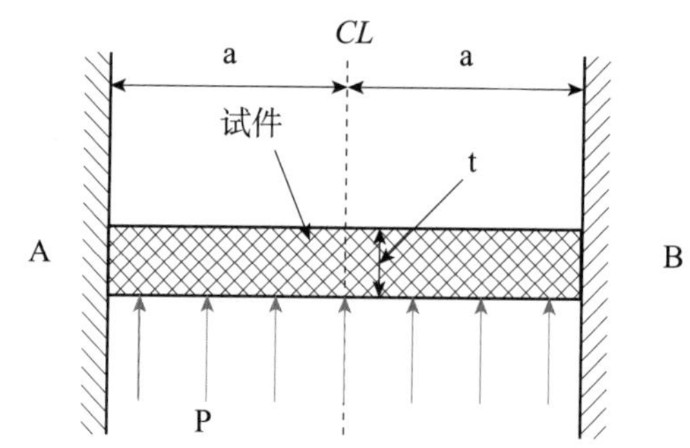

图 5.3－1　圆盘试验设备及试件示意图

$$w=\frac{3(1-v^2)p}{16Et^3}(a^2-r^2)^2$$

$$\delta=w(r=0)=\frac{3(1-v^2)p}{16Et^3}a^4$$

$$\varepsilon_t(r=0)=\varepsilon_r(r=0)=\frac{2\delta t}{a^2}$$

式中：σ_t，ε_t—板环向应力、周边变形；

σ_r，ε_r—径向应力、径向变形；

p—均布荷载；

E—弹性系数；

ν—泊松比；

t—板厚度；

a—板半径；

w—半径 r 处的变形；

δ—板的最大变形。

目前我国采用类似 Van Asbeck 圆盘试验方法进行沥青混凝土圆盘试验，试验原理简图见图 5. 3 -2。

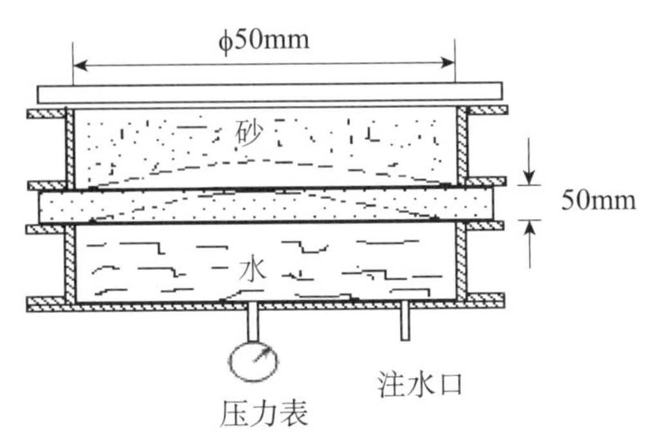

图 5. 3 -2　沥青混凝土圆盘试验原理图

目前国内进行面板水工沥青混凝土试验的两家主要单位——中水科和西安理工，其柔性试验（圆盘试验）方法不尽相同，两家单位的沥青混凝土圆盘试验主要装置见图 5. 3 -3。

(a) 中水科

(b) 西安理工

图 5. 3 -3　沥青混凝土圆盘试验装置

研究分析有关沥青混凝土圆盘试验的方法，认为较能接近工程实际的如下：

（1）采用《水工沥青混凝土试验规程》DL/T 5362—2006 沥青混合料制备的方法，成型直径 60cm、厚 5cm 的沥青混凝土圆盘试件；

（2）待沥青混凝土圆盘试件冷却至室温后，将其安装到内径 50cm 的钢制试验压力桶机架上，试件周边 5cm 严格密封并用螺栓上下压紧；

（3）将装有圆盘试件的钢制试验压力桶机架放在恒温房内，在试验温度（2℃、

25℃）条件下恒温一昼夜；

（4）在圆盘试件下方缓慢施加水压力使试件弯曲变形，在圆盘上部中心等部位测量变形，并观察试件裂缝和漏水情况；

（5）当中心位置位移量达到规定值时，从上部通过承压设备（如填置砂石料）限制沥青混凝土板进一步变形。逐级缓慢加压至设计水压，稳定4h后撤压。

在设计水压下，当试件未达到规定的挠跨比（2℃时挠跨比≥2.5%，25℃时挠跨比≥10%）时漏水即可结束试验，评定试件不合格；当试件达到规定的挠跨比时不漏水即可评定为合格。

5.4 沥青混凝土施工质量控制

为保证沥青混凝土面板的施工质量，本项目建立了系统完备的沥青混凝土面板施工质量控制体系，涵盖了从原材料进场检验到成品保护的沥青混凝土面板施工全过程。

5.4.1 原材料进场检验及质量控制

原材料质量控制是保证沥青混凝土质量的关键，沥青混凝土原材料主要包括沥青、人工骨料、天然砂、矿粉等。进场原材料，都必须独立的堆存堆放，并作清楚的标识牌，标明材料名称、产地或产家、进场时间、使用部位，特别要求注明“待检禁用”或是“已检合格”字样，只有标明“已检合格”的材料才能在工程上使用。

（1）沥青

呼蓄工程采用了辽河石化分公司生产的SG90普通水工沥青和中油辽河沥青有限公司生产的5#改性沥青。

SG90普通水工沥青由罐车公路运输、贮存于呼市沥青库，在沥青库的总储存量应不小于沥青混凝土铺筑强度的1个月用量，根据使用量由沥青库运至工地沥青罐贮存待用，沥青从沥青库运输到工地有完备的措施，确保沥青在中转运输过程中不受潮、不受侵蚀和污染、不因过热而发生老化。

5#改性沥青采用桶装方式运至工地贮存，在工地的总储存量满足沥青混凝土铺筑强度的3个月用量，沥青到工地后，存放在靠近沥青混合料拌和楼附近阴凉、干燥、通风良好的地方，贮存时间不得超过保质期。

沥青进现场仓库后，同厂家、同标号沥青每批检测1次，每30t或一批不足30t

取样1组，若样品检测结果差值大，则增加检测组数。同时按照《水利水电工程单元工程施工质量验收评定标准——混凝土工程》（SL632—2012）附录E中表E.1要求：沥青现场存放超过60日应进行复检，高海拔或其他紫外线强烈地域应30日复检1次。本工程地处严寒高海拔地区，且工地现场紫外线强烈，因此，在施工期内，工地存放的沥青每30日复检1次。

（2）人工骨料

人工骨料采用大理岩骨料生产，按粒径大小分为五级，贮存于工地的成品料仓。

（3）天然砂

天然砂采用呼市附近河道水洗天然砂，经卡车运至工地后贮存于工地的成品料仓。堆料场位置靠近沥青混合料拌和楼附近，设置防雨设施，以控制骨料加热前的含水率。

（4）填料

采用呼市金山水泥厂石灰石矿粉，经罐车运至工地后贮存于拌和楼的储料罐。填料的储存必须防雨防潮，保持干燥、洁净，防止污染与杂物混入。

各类原材料的检测项目及检测频次见表5.4－1。

表5.4－1　沥青混凝土原材料检测项目及检测频率

<table>
<tr><th>材料</th><th colspan="3">检测项目</th><th>检测频次</th><th>备注</th></tr>
<tr><td rowspan="19">沥青</td><td colspan="3">针入度（25℃，100g，5s）</td><td rowspan="5">同厂家、同标号沥青每批检测1次，每30t或一批不足30t取样1组，若样品检测结果差值大，应增加检测组数。</td><td rowspan="12">取自沥青仓库</td></tr>
<tr><td colspan="3">针入度指数PI※</td></tr>
<tr><td colspan="3">软化点（环球法）</td></tr>
<tr><td rowspan="2">延度</td><td colspan="2">15℃（5cm/min）</td></tr>
<tr><td colspan="2">5℃※或4℃（5cm/min※或1cm/min）</td></tr>
<tr><td colspan="3">密度（25℃）</td><td rowspan="7">同厂家、同标号沥青每批检测1次，取样3组，超过1000t增加1组。</td></tr>
<tr><td colspan="3">含蜡量（裂解法）</td></tr>
<tr><td colspan="3">脆点</td></tr>
<tr><td colspan="3">溶解度（三氯乙烯）</td></tr>
<tr><td colspan="3">闪点（开口法）</td></tr>
<tr><td colspan="3">运动粘度（135℃）※</td></tr>
<tr><td colspan="3">弹性恢复（25℃）※</td></tr>
<tr><td colspan="3">离析，48h软化点差※</td><td rowspan="7">同厂家、同标号沥青每批检测1次，每30t或一批不足30t取样1组，若样品检测结果差值大，应增加检测组数。</td><td rowspan="7">取自沥青仓库</td></tr>
<tr><td rowspan="6">薄膜烘箱后</td><td colspan="2">质量损失</td></tr>
<tr><td colspan="2">针入度比</td></tr>
<tr><td colspan="2">软化点升高</td></tr>
<tr><td colspan="2">脆点※</td></tr>
<tr><td rowspan="2">延度</td><td>15℃（5cm/min）</td></tr>
<tr><td>5℃※或4℃（5cm/min※或1cm/min）</td></tr>
</table>

续表

<table>
<tr><th>材料</th><th colspan="2">检测项目</th><th>检测频次</th><th>备注</th></tr>
<tr><td rowspan="13">阳离子乳化沥青</td><td colspan="2">破乳速度</td><td rowspan="13">每次交货和每次使用之前检测1次，取样3组。</td><td rowspan="13">取自乳化沥青储存容器</td></tr>
<tr><td colspan="2">筛上残留物（1.18mm 筛）</td></tr>
<tr><td rowspan="2">黏度</td><td>恩格拉黏度计 E25</td></tr>
<tr><td>道路标准黏度计 C25.3</td></tr>
<tr><td rowspan="4">蒸发残留物</td><td>残留物含量</td></tr>
<tr><td>溶解度</td></tr>
<tr><td>针入度（25℃）</td></tr>
<tr><td>延度（15℃）</td></tr>
<tr><td colspan="2">与粗骨料的黏附性，裹附面积占总面积</td></tr>
<tr><td rowspan="2">常温储存稳定性</td><td>1d</td></tr>
<tr><td>5d</td></tr>
<tr><td colspan="2"></td></tr>
<tr><td colspan="2"></td></tr>
<tr><td rowspan="4">填料</td><td colspan="2">表观密度</td><td rowspan="3">每50t取样1次，不足50t按1个取样单位抽样检测。</td><td rowspan="4">取自储料罐</td></tr>
<tr><td colspan="2">含水率</td></tr>
<tr><td colspan="2">亲水系数</td></tr>
<tr><td colspan="2">细度</td><td>每10t取样1次，不足10t按1个取样单位抽样检测。</td></tr>
<tr><td rowspan="9">细骨料（含人工砂和天然砂）</td><td colspan="2">表观密度</td><td rowspan="9">每1000m³为1个取样单位，不足1000m³按1个取样单位抽样检测。</td><td rowspan="9">取自成品料仓</td></tr>
<tr><td colspan="2">吸水率</td></tr>
<tr><td colspan="2">耐久性</td></tr>
<tr><td colspan="2">水稳定等级</td></tr>
<tr><td colspan="2">有机质含量</td></tr>
<tr><td colspan="2">泥土含量</td></tr>
<tr><td colspan="2">石粉含量</td></tr>
<tr><td colspan="2">轻物质含量</td></tr>
<tr><td colspan="2">超径</td></tr>
<tr><td rowspan="10">粗骨料</td><td colspan="2">表观密度</td><td rowspan="8">每1000m³为1个取样单位，不足1000m³按1个取样单位抽样检测。</td><td rowspan="10">取自成品料仓</td></tr>
<tr><td colspan="2">吸水率</td></tr>
<tr><td colspan="2">针片状颗粒含量</td></tr>
<tr><td colspan="2">耐久性</td></tr>
<tr><td colspan="2">与沥青黏附性</td></tr>
<tr><td colspan="2">含泥量</td></tr>
<tr><td colspan="2">压碎值</td></tr>
<tr><td colspan="2">骨料碱值</td></tr>
<tr><td rowspan="2">级配及超逊径</td><td>超径</td><td rowspan="2">每100m³为1个取样单位，不足100m³按1个取样单位抽样检测。</td></tr>
<tr><td>逊径</td></tr>
</table>

注：表中带“※”的项目为改性沥青增设试验项目。

5.4.2 沥青混合料拌制质量控制

沥青混合料质量的好坏直接影响沥青混凝土施工质量，沥青混合料拌制质量控制是沥青混凝土施工质量控制最重要的核心之一。要严格控制从配料精度、加热温度控制、投料顺序控制、拌制时间控制、出机口抽提试验等各重要环节工艺参数。

（1）配料精度控制

根据试验选定的配合比，结合矿料的级配，确定拌和每盘沥青混合料的各种材料用量。沥青混合料采用重量配合比，矿料应以干燥状态的质量为准，沥青应按质量进行配料。骨料采用分级累计计量，矿粉和沥青分别单独计量。拌和楼所有称量设备都应进行校准、测试。测试的误差应在总的称量能力的 ±0.2% 以内。设备每月都应予以校验，以保证称量精度。

（2）加热温度控制

加热温度控制主要包括原材料的温度控制和出机口的温度控制。温度控制范围见表 5.4－2。

表 5.4－2　拌和温度控制标准

项　目	防渗层和加厚层　改性沥青混凝土	整平胶结层　普通沥青混凝土
沥青（加热罐）	160～180℃	150～170℃
骨料（烘干加热筒出口）	180～200℃	170～190℃
混合料（出机口）	160～180℃	150～170℃

根据外界气温调整拌和站出机口沥青混凝土的温度，保证低温期拌和楼的出料温度达到设计要求上限。

（3）投料顺序控制

沥青混合料的拌和是将粗细骨料及填料先拌和均匀，再加入沥青拌和。这种方式可使各种矿料先进行热交换，使温度较低的填料能先升温，在加入沥青前，矿料温度均匀，可防止出现局部沥青老化及局部混合料温度不够的现象，从而保证了沥青混合料的质量。

投料顺序是，先投入粗细骨料和填料，干拌约 10～15s，然后卸入热沥青（普通沥青或改性沥青），再拌和约 55～65s。

（4）拌制时间控制

整平胶结层沥青混合料拌和时间控制如下：

先将骨料和填料投入拌缸进行干拌用时 15s，湿拌用时 45s，卸料用时 5s，每盘总用时 65s。

防渗层沥青混合料拌和时间控制如下：

先将骨料和填料投入拌缸进行干拌用时 15s，湿拌用时 70s，卸料用时 5s，每盘总用时 90s。

（5）出机口抽提试验

为保证沥青混合料拌和质量，每天通过燃烧法至少抽提一次，抽提试验结果及时反馈拌和站楼，作为拌和楼配合比调整依据。

工地实验室和沥青混凝土拌和楼要定期、不定期地对关键原材料及关键控制指标进行检验与控制，沥青混合料的检验与控制标准见表 5.4－3：

表 5.4－3　沥青混合料制备检验与控制标准

检验对象	检验场所	检验项目	检验目的及标准	检测频次	备注
沥青	沥青热储罐	针入度（25℃，100g，5s）	符合改性沥青、SG90 普通石油沥青的要求	正常生产情况下，每天至少检查 1 次	DL/T5362—2006　5.4
		软化点（环球法）			DL/T5362—2006　5.6
		延度（5℃或 4℃）			DL/T5362—2006　5.5
		温度	按拌和温度确定	随时监测	温度传感器
粗细骨料	热料仓	级配	测定实际数值，计算施工配料单	计算施工配料单前应抽样检查，每天至少 1 次，连续烘干时应从热料仓抽样检查	取样筛分
		温度	按拌和温度确定，控制在比沥青加热温度高 20℃之内	随时监测，间歇烘干时应在加热滚筒出口监测	温度传感器
矿粉	拌和系统矿粉罐	细度	计算施工配料单	至少 1 次/周，必要时增加监测次数	取样筛分
沥青混合料	拌合站混合料储罐出口	沥青含量	±0.3%	正常生产情况下，每天至少抽提 1 次	燃烧法抽提
		矿料级配	配合比允许误差：粗骨料 ±5%，细骨料 ±3%，矿粉 ±1%	正常生产情况下，每天至少抽提 1 次	
		孔隙率	整平层 10% ~15%，防渗层≤2%（马歇尔试件，室内成型）、≤3%（现场芯样或无损检测）	正常生产情况下，每天至少检查 1 次	
		渗透系数	整平层 $1\times10^{-2}\sim1\times10^{-4}$ cm/s，防渗层≤1×10^{-8} cm/s	1 次/周	
		外观检查	色泽均匀、稀稠一致、无花白料、无黄烟和其它异常现象	混合料出机后，随时进行观察	目测
		温度	按试拌试铺确定，或根据针入度选定	随时监测	温度传感器
沥青玛蹄脂	涂刷现场	配合比、加热温度	按试验确定的施工配合比	正常生产情况下，每天至少检查 1 次	

5.4.3　沥青混合料运输质量控制

沥青混合料水平运输采用自卸汽车，垂直运输采用多功能履带式主绞车。呼蓄电站上水库5月—9月风速在4级及以上的天气较多，易带走热量，为保证沥青混合料摊铺、碾压温度，尽量减少运输过程中的热量损失，主要采取了以下措施：

（1）拌和楼尽量布置在库盆附近，呼蓄工程沥青混凝土拌和楼与库盆最远处垂直距离在800米以内。

（2）为防止沥青混合料在汽车中放置时间过长致热量散失，根据摊铺机施工速度配备合理的自卸汽车。

（3）运输车辆车厢需密封，配备保温、防雨设施，且便于装卸。

（4）车辆做好标识，次序用料，先到先铺。

同时为防止沥青混合料离析，要求拌和楼向运料车上装料时，挪动汽车位置两到三次，平衡装料；在转运或卸料时，出口处沥青混合料自由落差小于1.5m；并对场内道路及时进行维护，防止过度颠簸。

5.4.4　面板基础垫层施工及质量控制

沥青混凝土面板基层一般为碎石垫层，专门碾压形成，主要起基础整平、排水和支承作用。垫层的施工质量直接关系到其上沥青混凝土面板铺筑平整度和碾压质量，对后期沥青混凝土面板运行尤其重要。

（1）垫层技术指标

沥青混凝土面板下部设置碎石排水垫层，紧贴在整平胶结层之下作为面板的基础。垫层在坝坡区水平宽度为3.0m，在岩坡区及库底厚度为0.6m。

垫层要求抗压强度高，采用微风化片麻状花岗岩料加工而成，石料饱和抗压强度大于80MPa，软化系数大于0.8。最大粒径80mm，粒径小于5mm的含量为20%～35%，粒径小于0.075mm的含量小于5%，要求级配良好，不均匀系数宜大于15，超径颗粒含量不大于3%，逊径颗粒含量不大于5%。垫层应碾压密实，以便为面板提供均匀可靠的支撑，有较大的干密度，填筑压实后孔隙率不大于18%，相应的干密度为2.20g/cm^3，变形模量库底部分不小于60MPa，斜坡部分不小于40MPa。为避免面板渗漏水在库水位骤降时在面板后产生反向渗压和冬季冻胀破坏，要求垫层具有良好的排水能力，渗透系数不小于1×10^{-2}cm/s。

为保护垫层坡面，在垫层表面喷涂乳化沥青，采用喷洒型PC-1阳离子乳化沥青，不含可能会损坏沥青混凝土的挥发性乳化剂或稳定剂，其技术要求见表5.4-4。喷涂用量以喷涂均匀、不遗空白为原则。

表 5.4-4　PC-1 阳离子乳化沥青技术要求

序号	项目		单位	技术指标
1	破乳速度			快裂
2	筛上残留物（1.18mm 筛）		%	≤0.1
3	黏度	恩格拉黏度计 E25		2～10
		道路标准黏度计 C25.3	s	10～25
4	蒸发残留物	残留物含量	%	≥50
		溶解度	%	≥97.5
		针入度（25℃）	1/10mm	50～200
		延度（15℃）	cm	≥40
5	与粗骨料的黏附性，裹附面积占总面积			≥2/3
6	常温储存稳定性	1d	%	≤1
		5d	%	≤5

（2）垫层现场碾压试验

碎石排水垫层现场碾压试验根据技术指标和选用的机械，分别进行库坡和库底垫层料、坝体垫层等的碾压试验。提出不同区域的铺料方式、铺料厚度、振动碾型号及重量、碾压遍数、行车速度、压实厚度、铺料过程中的加水量、碾压前后级配、渗透系数、压实后的孔隙率、干密度和变形模量等试验成果；提出坝体垫层、过渡层与坝体主堆石体之间的填筑程序、摊铺厚度、压实方法和垫层的铺筑方法及斜坡碾压试验成果；提出库坡垫层的铺筑和碾压施工设备、垫层料的铺筑方式、铺筑厚度、物料的级配分离、压实方法、平整方法、干密度、孔隙率、渗透系数等试验成果。为确定填筑料冬季施工参数，还进行不加水碾压条件试验。

垫层料现场碾压试验场地选在填筑区外，进行了三大场碾压试验：

第一场：研究坝体垫层料不同铺料厚度、不同碾压遍数的压实效果，不加水，加水 10%，铺料厚度为 40cm 和 50cm，每一种铺料厚度分为三小场，分别碾压 6、8、10 遍，每一小场有效面积为（3×6）m^2。

第二场：研究库底垫层料不同铺料厚度、不同碾压遍数的压实效果，不加水，加水 10%，铺料厚度为 30cm，分三小场，分别碾压 6、8、10 遍，每一小场有效面积为（3×6）m^2。

第三场：研究坝体垫层料和库坡垫层料的斜坡碾压技术和不同碾压遍数的压实效果，斜坡高度不小于 7m，斜坡宽度不小于 6m，边坡坡比为 1∶1.75。

通过生产性试验确定的施工机具和参数，还结合坝体填筑，分部位进行较大面积的复核性试验，并按一定的数量取样，进行有关物理力学性能试验，检查压实质量的均匀性和合格率，同时检查层间结合情况，测定有关的施工工效。

(3) 垫层施工

① 碾压设备

垫层水平碾压采用徐州生产的XS222J自行式振动碾，碾重22t，激振力374/290kN，振动频率33/28Hz，振幅1.86/0.93mm；当在混凝土结构附近小区时采用不低于1t的自行式振动碾。垫层斜坡碾压采用不低于8t的牵引式振动碾。

② 填筑碾压施工参数

坝坡、岩坡垫层料的铺料厚度为0.4m，振动碾行车速度2km/h。非冬季施工时，填筑过程中充分加水，根据填筑施工时的天气、风速等因素，加水量控制在10%~15%（其中在料场和坝面各加50%），振动碾碾压6遍；冬季施工时，不加水，振动碾碾压8遍。

库底垫层料的铺料厚度为0.3m，振动碾行车速度2km/h。非冬季施工时，填筑过程中充分加水，根据填筑施工时的天气、风速等因素，加水量控制在10%~15%（其中在料场和坝面各加50%），振动碾碾压4遍；冬季施工时，不加水，振动碾碾压6遍。

坝体垫层的斜坡碾压，采用振动碾先静碾4遍，后振动碾压6~8遍（一遍包括碾子上、下坡各一次，上坡时振动碾压，下坡时碾子不得振动）。

③ 填筑和碾压

a. 坝体垫层料填筑碾压

垫层、过渡层与相邻5m范围内的堆石体平起填筑，垫层与过渡层同时填筑碾压，先填主堆石，再填过渡层，最后填垫层，一层主堆石、二层过渡层和垫层平起作业。填筑施工过程中严格控制层厚、加水量和碾压遍数，不出现漏压现象。垫层不包括“犬牙交错”带的宽度为3.0m，其“犬牙交错”带宽度小于铺层厚度的1.5倍，填筑垫层前剔除相接过渡层坡面上大于20cm的离散块石。垫层与基础和岸坡相接处填筑坝料时，严防因颗粒分离而造成粗粒集中和架空，与岸坡相接处其宽度扩大2~3倍，可用振动平碾顺岸边压实，以保证均匀过渡，避免不均匀沉降。垫层在分段铺筑时，做好接缝处各层之间的连接，防止产生层间错动或折断混杂现象，接头处修成不陡于1∶2的斜坡。

垫层料每填筑升高10~15m进行坡面修整和碾压。在斜坡碾压开始前，迎水面修整至略大于设计边线的50~100mm。深度超过150mm的凹坑，以粒径小于50mm的级配良好的碎石填平，碎石小心运送，不顺坡面推移，以免造成滚动分离。雨季施工缩短坝体上游坡面的整坡、防护周期，并做好岸坡和填筑面的排水措施，确保垫层料免遭水流冲刷。如被水流冲刷，采用垫层料进行薄层回填压实。

b. 库坡、库底垫层料填筑碾压

库底垫层分层铺筑、分层碾压。碾压施工时严防库底排水管被堵塞及压碎，铺筑碾压后对排水管进行检查，如堵塞或压碎，立即返工。同时，注意保护库坡安全检查廊道和库底排水廊道。

库坡垫层顺坡铺筑，用推土机或碎石摊铺机自下而上分层摊铺（靠近顶部范围也可自上而下摊铺），卸料和铺料严防垫层料分离；对已分离的垫层料及时修整，使其满足垫层料的要求。用斜坡振动碾分层碾压，碾压前整平。

（4）上游垫层坡面乳化沥青保护层施工

坝坡、库坡垫层碾压完毕并验收合格后，尽快喷涂乳化沥青保护层，防止施工破坏和表面污染。

喷涂前垫层表面清除坡面浮尘，保持清洁、干燥，阴雨及浓雾天气不得喷涂。

乳化沥青采用沥青洒布机洒布，分条进行，一次喷涂面积与沥青整平胶结层的铺筑面积相适应。喷涂密度为 1.5 ~ 2.0kg/m^2，每层喷涂间隔不小于 24h。

喷涂乳化沥青后的表面注意保护，禁止工作人员及机械在其上行走。待其干燥后，方可铺筑沥青整平胶结层。

（5）垫层质量检查和验收

碾压后的垫层进行测量放样检查，检查点数为每 100m^2 不少于 2 个点，要求垫层碾压后坡面与设计边线的偏差不允许超过 2cm。碾压完成后的垫层表面力求平整，每 100m^2 检查两处，采用 3m 直尺连续测 3 遍，坝体和岩坡垫层表面凹凸度小于 4cm，库底垫层表面凹凸度小于 3cm。

垫层的取样试验，坝面干密度和颗粒级配 1 次/500m^3，每层至少 1 次；渗透系数 1 次/4 层。上游坡面、库坡和库底的干密度和颗粒级配 1 次/1500m^2。所测的干密度，其平均值不小于设计值，标准差不大于 0.05g/cm^3。当样本数小于 20 组时，按合格率不小于 90%，不合格点的干密度不低于设计干密度 95% 控制。

5.4.5 沥青混凝土摊铺和碾压施工质量控制

沥青混凝土摊铺和碾压是形成沥青混凝土面板的关键工序，是沥青混凝土施工质量控制最重要的核心之一。要认真做好现场温度控制、摊铺质量控制、碾压质量控制、接缝质量控制等几个方面的工作。

（1）现场温度控制

防渗层、加厚层、整平胶结层的摊铺和碾压时应严格将沥青混凝土温度控制在

表5.4－5的范围内，最佳碾压温度由试验确定。气温低时，应选大值。

表5.4－5　沥青混凝土摊铺、碾压施工温度控制标准（单位:℃）

项　目	防渗层、加厚层改性沥青混凝土	整平胶结层普通沥青混凝土
摊铺温度	150～170	140～160
初始碾压温度	＞140	＞130
二次碾压温度	＞115	＞105
终碾温度	＞90	＞90

（2）摊铺质量控制

库盆沥青混凝土施工前应进行铺筑条带整体规划，以尽量少设冷缝为原则。平面摊铺采用少设冷缝的分段摊铺方式；坡面摊铺全长一次连续由低处向高处摊铺，除事故或天气原因意外停工外不设横向冷缝。库底沥青混凝土摊铺机每条摊铺条幅宽度一般为6.4m；斜坡摊铺机每条摊铺条幅宽度一般为4.25m。各层摊铺厚度见表5.4－6：

表5.4－6　各层摊铺厚度及碾压完成厚度

项目	摊铺厚度（cm）	碾压完成后厚度（cm）
整平胶结层	9.2	8
加厚层	6	5
防渗层	11	10

改性沥青黏度较高，导致防渗层沥青混凝土不容易被压实，为保证施工质量，减小沥青混合料散热速度及后序碾压难度，采取了以下措施：

① 摊铺机就位前用加热器加热熨平板，约10～15min。

② 采用预压摊铺机实率高、可以改变摊铺宽度的先进摊铺设备，根据摊铺机行走速度调整熨平梁的振动频率，使防渗层预压实系数不小于90%。

③ 控制摊铺机行走速度，一般为1～2m/min，保证熨平梁振动充分。

④ 采用可以变幅的摊铺机，以保证转角部位全部实现机械化摊铺，消除人工摊铺，保证摊铺质量。

（3）碾压质量控制

必须在规定的控制温度范围内进行初碾、复碾和终碾作业（控制温度见表5.4－5）。通过场外、场内试验，确定平面、斜坡沥青混凝土的碾压工艺，严格控制施工过程中摊铺后初碾，复碾，终碾的碾压遍数和重迭宽度，见表5.4－7：

表 5.4 - 7　沥青混凝土碾压遍数和碾压重迭宽度

项目	防渗层	整平胶结层	振动碾型号
	改性沥青混凝土		
初碾遍数	静碾，1 遍	静碾，1 遍	SW330
复碾遍数	振碾，2 - 3 遍 前振后不振	振碾，2 遍前振后不振	SW330
终碾遍数	静碾，1 遍 或直至轮印消失	静碾，1 遍或直至轮印消失	SW330
重迭宽度	≥10cm	≥10cm	SW330

注：振动碾在振动过程中保持匀速，振动碾滚筒保持湿润。

呼蓄工程通过现场摊铺试验确定碾压设备选用上海酒井重工生产的 SW330 型振动碾，设备自重 3t，为保证沥青混合料碾压质量，采取了以下措施：

① 沥青混合料摊铺后应及时记录摊铺温度，并进行监测，在不陷碾前提下及时完成无振静碾 1 遍。

② 施工缝应优先碾压，先后条带重叠碾压 10cm。

③ 斜坡碾压上行振动碾压、下行无振碾压。

④ 在低温时段，对摊铺后不能及时跟进碾压的沥青混凝土接缝部位及面板覆盖保温被蓄热，以保证碾压时的温度要求。

⑤ 碾压结束后，面板表面进行无振静碾 1 遍收光。

（4） 现场检测

现场对沥青混合料铺筑及碾压温度、渗透性、密度检测频次要求见表 5. 4 - 8：

表 5. 4 - 8　沥青混凝土现场温度、渗透性、密度检测频次

检验对象	检验项目	检验最低频率	备　注
沥青混凝土	铺筑温度	2 次/沿摊铺条带每 5m 长	摊铺时
	碾压温度	2 次/摊铺条带	表面初碾最高温度和二次碾压与终碾最低温度（碾前）
	渗透性无损检测（渗气仪、用于防渗层及加厚层）	摊铺机施工部分： 一般部位：1 次/1000m^2 热缝：1 次/100m 冷缝：1 次/20m 人工施工部分： 一般部位：1 次/10m^2 接缝：1 次/5m	终碾后（防渗层温度接近气温） 对特殊缝采用连续测试
	密度（核子密度仪）	摊铺机施工部分：1 次/100m^2 人工施工部分：1 次/10m^2	终碾后（防渗层温度接近气温）

现场对沥青面板碾压厚度的检测频次要求见表 5. 4 - 9：

表 5.4－9　沥青混凝土面板现场厚度检测频次

项　　目	控制参数
检验频次 （水平尺配合钢尺检验） （封闭层用专用的仪器测量厚度）	整平胶结层：每 10m 一个点
	防渗层：每 10m 一个点
	封闭层：每条 3 个点
允许偏差	整平胶结层：－4mm 至＋20mm
	防渗层：0mm 至＋10mm
	封闭层：大于 2mm

5.4.6　封闭层施工质量控制

（1）封闭层施工前，防渗层表面应干净、干燥。

（2）封闭层采用改性沥青玛蹄脂，配合比经试验确定后报监理工程师批准。

（3）改性沥青玛蹄脂采用机械拌制，出料温度应控制为 180℃～200℃。

（4）改性沥青玛蹄脂施工应采用适合于斜坡施工的特制涂刷机，沿坡面方向分条涂刷，涂刷应薄层、均匀。封闭层厚度为 2mm，分两层涂刷，每层涂刷厚度为 1mm，涂刷时的温度控制在 170℃～180℃。涂刷后如发现有鼓包或脱皮等缺陷时应及时清除后重新涂刷。

（5）封闭层应选择在 10℃以上的气温条件下施工。

（6）封闭层施工后的表面，严禁人、机行走。

5.4.7　成品保护

车辆需在已施工完成的整平胶结层沥青混凝土面上行走时，轮胎应清理干净，不得急刹车、急弯掉头。

防渗层沥青混凝土面上禁止行车及停车。当天成型的整平胶结层沥青混凝土面上不得行车及停放各种机械设备或车辆。

涂刷好的封闭层表面禁止人机行走，以防止破坏封闭层。

5.5　质量检测结果及质量评价

5.5.1　原材料质量检验结果

（1）普通沥青

本工程所用普通沥青为水工 SG90 沥青，进场总量 2500t，生产单位是中国石油辽河石化公司。实际材料进场 1 批次，委托呼市路新公路工程检测公司进行了 1 次全项检测。

施工过程中，工地试验室每两月对老化前后三大指标进行一次复检，实际施工期约 12 个月，实际检测 10 次，检测结果详见表 5.5－1。

表 5.5－1　普通沥青测试结果统计表

检测项目		单位	质量指标	最大值	最小值	平均值	检测次数	合格次数	合格率
针入度（25℃，100g，5s）		1/10 mm	80～100	98	80	84	10	10	100%
延度（15℃，5cm/min）		cm	≥150	>150	>150	>150	10	10	100%
延度（4℃，1cm/min）		cm	≥20	>100	54.2	/	10	10	100%
软化点（环球法）		℃	45～52	46.4	45.1	45.5	10	10	100%
溶解度（三氯乙烯）		%	≥99.0	99.9	99.9	99.9	1	1	100%
脆点		℃	≤－12	－17.7	－14.3	－16.2	1	1	100%
闪点（开口法）		℃	≥230	>230	>230	>230	1	1	100%
密度（25℃）		g/cm^3	实测	1.044	1.003	1.024	1	1	100%
含蜡量（裂解法）		%	≤2	1.8	1.2	1.5	1	1	100%
薄膜烘箱后	质量变化	%	≤0.3	－0.077	－0.101	－0.087	10	10	100%
	针入度比（25℃）	%	≥60*	75.5	63.3	69.8	10	10	100%
	软化点升高	cm	≤5	3.0	0.3	2.4	10	10	100%
	延度（15℃，5cm/min）	cm	≥100	>100	>100	>100	10	10	100%
	延度（4℃，1cm/min）	℃	≥8	12.3	8.7	9.1	10	10	100%

*注：针入度比设计指标由≥70 调整为≥60。

（2）改性沥青

本工程所用改性沥青为 I-A 级 SBS 改性沥青约 6200t（用于防渗层、沥青砂浆和封闭层），生产单位是盘锦中油辽河沥青有限公司。实际材料进场 1 批次，委托呼市路新公路工程检测公司进行了 1 次全项检测。

施工过程中，工地试验室每两月对老化前后三大指标进行一次复检，实际施工期约 12 个月，实际检测 10 次。具体检测情况见表 5.5－2：

表 5.5－2　改性沥青测试结果

检测项目	单位	质量指标	最大值	最小值	平均值	检测次数	合格次数	合格率
针入度（25℃，100g，5s）	1/10mm	>100	130	127	129	10	10	100%
针入度指数 PI	—	≥－1.2	1.8	1.3	1.5	10	10	100%
延度（5℃，5cm/min）	cm	≥70	84.1	74.3	78.4	10	10	100%
延度（15℃，5cm/min）	cm	/	80.0	70.1	74.7	10	/	/
软化点（环球法）	℃	≥45	66.2	65.1	65.6	10	10	100%
运动粘度（135℃）	Pa·s	≤3	2.1	2.2	2.2	1	1	100%
脆点	℃	≤－22	<－27	<－27	<－27	1	1	100%
闪点（开口法）	℃	≥230	>230	>230	>230	1	1	100%

续表

检测项目		单位	质量指标	最大值	最小值	平均值	检测次数	合格次数	合格率
密度（25℃）		g/cm^3	实测	0.999	0.985	0.996	1	1	100%
溶解度（三氯乙烯）		%	≥99.0	99.9	99.9	99.9	1	1	100%
弹性恢复（25℃）		%	≥55	99	99	99	1	1	100%
离析，48h 软化点差		℃	≤2.5	0.4	0.2	0.3	1	1	100%
基质沥青含蜡量（裂解法）		%	≤2	1.4	1.2	1.3	1	1	100%
薄膜烘箱后	质量变化	%	≤1.0	-0.080	-0.104	-0.091	10	10	100%
	软化点升高	℃	≤5	-1.9	-5.1	-2.9	10	10	100%
	针入度比（25℃）	%	≥50	108	102	104	10	10	100%
	脆点	℃	≤-19	<-27	<-27	<-27	10	10	100%
	延度（5℃，5cm/min）	cm	≥30	83.5	73.2	76.8	10	10	100%
	延度（15℃，5cm/min）	cm	/	75.3	66.3	71.6	10	/	/

* 注：工程施工中设计明确老化前化 15℃ 延度只做检测，不做硬性规定。

（3）矿料

根据合同要求，粗细骨料各自每 1000m^3 检验一次，矿粉每 50t 检测一次。粗骨料又分为 16~19mm、10~16mm、4.75~10mm、2.36~4.75mm 四级，细骨料又分为天然砂和人工砂（0~2mm）。本工程沥青混凝土合同量约 120000t，共需要使用粗骨料约 40000 m^3（各级约 10000 m^3），各级骨料分别需检测 10 次，实际每级骨料各检测 15 次。共需使用细骨料约 25000 m^3（人工砂、天然砂分别约 12500 m^3），人工砂、天然砂分别需检测 13 次，实际对人工砂和天然砂各检测 15 次。矿粉使用 11000t，检测 220 次，实际检测 228 次。

骨料测试结果见表 5.5-3~5.5-7。

表 5.5-3　粗骨料测试结果

骨料粒径	检测项目	单位	质量指标	最大值	最小值	平均值	检测次数	合格次数	合格率
16~19mm	表观密度	g/cm^3	≥2.6	2.82	2.81	2.81	15	15	100%
	与沥青黏附性	级	≥4	4	4	4	15	15	100%
	针片状颗粒含量	%	≤25	3.3	3.0	3.1	15	15	100%
	压碎值	%	≤30	17.1	16.0	16.5	15	15	100%
	吸水率	%	≤2	0.5	0.3	0.3	15	15	100%
	耐久性	%	≤12	2.2	1.6	1.9	15	15	100%
	岩石酸碱性		碱性岩石	/	/	/	15	15	100%
	超径	%	<5	6.3	1.0	3.9	15	12	80%
	逊径	%	<10	0	0	0	15	15	100%

续表

骨料粒径	检测项目	单位	质量指标	最大值	最小值	平均值	检测次数	合格次数	合格率
10~16mm	表观密度	g/cm³	≥2.6	2.82	2.81	2.82	15	15	100%
	与沥青黏附性	级	≥4	4	4	4	15	15	100%
	针片状颗粒含量	%	≤25	4.3	2.9	3.7	15	15	100%
	压碎值	%	≤30	19.1	18.5	18.7	15	15	100%
	吸水率	%	≤2	0.7	0.5	0.5	15	15	100%
	耐久性	%	≤12	2.9	2.6	2.7	15	15	100%
	岩石酸碱性		碱性岩石	/	/	/	15	15	100%
	超径	%	<5	0	0.0	0.0	15	15	100%
	逊径	%	<10	0	0	0	15	15	100%
4.75~10mm	表观密度	g/cm³	≥2.6	2.82	2.81	2.82	15	15	100%
	针片状颗粒含量	%	≤25	3.5	3.0	3.2	15	15	100%
	吸水率	%	≤2	0.8	0.7	0.7	15	15	100%
	耐久性	%	≤12	3.1	2.8	2.9	15	15	100%
	岩石酸碱性		碱性岩石	/	/	/	15	15	100%
	超径	%	<5	0	0.0	0.0	15	15	100%
	逊径	%	<10	0	0	0	15	15	100%
2.36~4.75mm	表观密度	g/cm³	≥2.6	2.82	2.82	2.82	15	15	100%
	吸水率	%	≤2	1.0	0.9	0.9	15	15	100%
	耐久性	%	≤12	3.2	1.6	2.2	15	15	100%
	岩石酸碱性		碱性岩石	/	/	/	15	15	100%
	超径	%	<5	0	0	0	15	15	100%
	逊径	%	<10	4.3	0.8	2.1	15	15	100%

表5.5-4　人工砂检测结果统计

检测项目	单位	质量指标	最大值	最小值	平均值	检测次数	合格次数	合格率
表观密度	g/cm³	≥2.55	2.82	2.82	2.82	15	15	100%
吸水率	%	≤2	1.7	1.6	1.7	15	15	100%
水稳定等级	级	≥6	9	8	9	15	15	100%
耐久性	%	≤15	6.5	5.7	5.9	15	15	100%
石粉含量	%	<5	24.1	4.4	14.3	15	1	6.7%
超径	%	<5	17.7	3.4	12.6	15	4	26.7%

表5.5-5　天然砂检测结果统计

检测项目	单位	质量指标	最大值	最小值	平均值	检测次数	合格次数	合格率
表观密度	g/cm^3	≥2.55	2.70	2.70	2.70	15	15	100%
吸水率	%	≤2	1.4	1.2	1.3	15	15	100%
水稳定等级	级	≥6	7	7	7	15	15	100%
耐久性	%	≤15	8.0	6.6	7.5	15	15	100%
有机质含量	%	浅于标准色	合格	合格	合格	15	15	100%
含泥量	%	≤2	1.8	1.2	1.5	15	15	100%
轻物质含量	%	<1	0.4	0.4	0.4	15	15	100%
超径	%	<5	32.5	18.9	23.1	15	0	0%

人工砂和天然砂都存在不同程度的超径，另外，人工砂石粉含量严重超标，其他指标100%合格。

天然砂一般均超径超标，张河湾、西龙池等工程中都存在，本工程也不例外。在配比计算及配料过程中，各组粒径的骨料均参与适配计算，天然砂中的超径部分可以通过配合比优化计入上一级骨料，且经过试验检验，最终可以配制出满足设计要求的沥青混合料，因此天然砂超径超标对实际配料基本没有影响。

人工砂中的石粉对防渗层沥青混凝土质量有较大影响，在骨料生产过程中难以控制石粉含量。通过拌和楼的除尘作用可除去绝大部分的石粉。拌和楼实际生产时，各级骨料通过控制运输皮带转速按大致的比例进入烘干滚筒进行混合、加热、除尘，再通过二次筛分进入各级热料仓，因此进入热料砂仓中的砂是人工砂和天然砂经过除尘、二次筛分后的混合砂。试验室每个生产日都对各级热料进行级配检测，其中热料混合砂的0.075mm筛孔通过率检测情况见表5.5-6：

表5.5-6　热料砂检测结果统计

检测项目	单位	最大值	最小值	平均值	检测次数
0.075mm通过率	%	9.1	1.1	4.3	151

从检测结果可以看出，通过拌和楼的除尘作用，石粉含量平均值由14.3%降到了4.3%，满足设计要求。

表5.5-7　矿粉检测结果统计

检测项目	单位	质量指标	最大值	最小值	平均值	检测次数	合格次数	合格率
表观密度	g/cm^3	≥2.5	2.82	2.81	2.82	228	228	100%
亲水系数	—	≤1.0	0.76	0.70	0.72	228	228	100%

续表

检测项目		单位	质量指标	最大值	最小值	平均值	检测次数	合格次数	合格率
含水率		%	≤0.5	0.3	0.2	0.2	228	228	100%
细度	<0.6mm	%	100	100	100	100	1140	1140	100%
	<0.15mm	%	>90	100	100	100	1140	1140	100%
	<0.075mm	%	>85	99.3	98.3	98.5	1140	1140	100%

5.5.2 沥青混合料质量检验结果

为保证沥青混合料拌和质量，每天通过燃烧法至少抽提一次，抽提试验结果及时反馈拌和站，作为拌和站配合比调整依据。

① 整平胶结层

整平胶结层累计生产75天，共抽提75次、室内成型马歇尔试件进行密度、孔隙率检测75次，检测渗透系数23次。

表5.5-8 整平胶结层混合料抽提试验结果统计

检测项目		单位	质量指标	检测频次	最大值	最小值	平均值	检测次数	合格次数	合格率
密度		g/cm^3	实测	正常生产每天至少抽提1次	2.338	2.217	2.236	75	75	100%
孔隙率		%	10~15		14.7	10.6	12.2	75	75	100%
配合比偏差	沥青含量	%	±0.3%		0.26	-0.25	0.02	75	75	100%
	粗骨料	%	±5%		4.5	-3.9	0.6	75	75	100%
	细骨料	%	±3%		2.2	-2.4	-0.1	75	75	100%
	填料	%	±1%		0.8	-0.8	-0.1	75	75	100%
渗透系数		cm/s	10^{-2}~10^{-4}	1次/周	9.54×10^{-3}	1.50×10^{-3}	5.56×10^{-3}	23	23	100%

②防渗层

防渗层生产时每日均进行抽提试验。防渗层累计生产86天次（含防渗加厚层），共进行抽提试验86次、室内成型马歇尔试件进行密度、孔隙率检测86次，检测渗透系数21次。水稳定性、斜坡流淌值、冻断温度、弯曲应变、拉伸应变各检测31次。圆盘试验共检测7次。

表5.5-9 防渗层混合料抽提试验结果统计

检测项目	单位	质量指标	最大值	最小值	平均值	检测次数	合格次数	合格率	检测频次
密度	g/cm^3	实测	2.465	2.435	2.451	86	/	/	1次/天
孔隙率	%	<2%	1.5	0.3	0.8	86	86	100%	
渗透系数	cm/s	$<10^{-8}$	0	0	0	21	21	100%	1次/周

续表

检测项目		单位	质量指标	最大值	最小值	平均值	检测次数	合格次数	合格率	检测频次
水稳定系数		/	≥90	0.96	0.95	0.95	31	31	100%	1 次/1000m^3
斜坡流淌值		mm	≤0.8	0.562	0.098	0.396	31	31	100%	
冻断温度		℃	平均值≤-45℃，个别值≤-43℃	-43.1	-46.9	-44.6	31	/	/	
弯曲应变		%	≥2.5	6.69	3.50	4.53	31	31	100%	
拉伸应变		%	≥1	3.20	1.61	2.23	31	31	100%	
配合比偏差	沥青含量	%	±0.3%	0.12	-0.29	-0.10	86	86	100%	1 次/天
	粗骨料	%	±5%	4.9	-4.5	0.1	86	86	100%	
	细骨料	%	±3%	2.7	-2.8	0.2	86	86	100%	
	填料	%	±1%	0.8	-0.6	0.1	86	86	100%	

以上试验结果表明：沥青混合料各项设计指标均控制在设计允许范围内，说明沥青混凝土施工配合比及拌和工艺是成功的。

5.5.3　沥青混凝土质量检验结果

通过现场时时监测，沥青混凝土摊铺及碾压温度、渗透性、密度满足设计要求。

表 5.5-10　摊铺、碾压的温度检测成果统计表

项　目		技术指标（℃）	检测数	检测成果（℃）			合格数	合格率（%）
				最大值	最小值	平均值		
防渗层	摊铺	>150	8906	176	145	160.5	8794	98.74
	初碾	>140	3083	151.5	139.5	145.5	3064	99.38
	二碾	>115	3072	143.5	117	130.25	3072	100
	终碾	>90	3074	112	87	99.5	3068	99.80
	小计		18135				17999	99.25
整平胶结层	摊铺	>140	9209	172	134	153	9082	98.62
	初碾	>130	2473	155.5	121	138.25	2467	99.76
	二碾	>105	2472	136	101.5	118.75	2462	99.60
	终碾	>90	2465	123	83.5	103.25	2460	99.80
	小计		16619				16471	99.11
合计			34754				34470	99.18

表 5.5－11　整平胶结层、防渗层压实度核子密度检测成果统计表

部位	结构层			备注
	整平胶结层	防渗层	加厚防渗层	
检测数	4362	4303	845	一检不合格加大检测点数，不合格点经加热复碾或挖除处理后，二检均合格
最大值（g/cm^3）	2.359	2.521	2.489	
最小值（g/cm^3）	2.242	2.399	2.375	
平均值（g/cm^3）	2.291	2.434	2.423	
合格数	4362	4925	839	
合格率（%）	100	99.81	99.29	
检测频次（m^2/1 次）	50	72.73	43.5	
合计（总检测次数/合格率（%））	4362/100	4303/99.81	845/99.29	

表 5.5－12　防渗层（防渗加厚层）现场渗气终检成果统计表

部位	标准	库底/库坡	库坡
		防渗层	防渗加厚层
检测数	$\leqslant 1\times10^{-8}$	2294	370
最大值（cm/s）		9.488×10^{-9}	9.249×10^{-9}
最小值（cm/s）		2.036×10^{-9}	2.153×10^{-9}
平均值（cm/s）		5.566×10^{-9}	5.636×10^{-9}
合格数		2294	370
合格率（%）		100	100

5.5.4　施工质量评价

呼蓄上水库沥青混凝土面板施工，从 2012 年 6 月 30 日进行场内试验开始，经过三个阶段：2012 年 6 月 30 日—2012 年 9 月 12 日主要为场内生产性试验阶段，主要以整平胶结层及防渗层的库底的坡面生产性试验；2012 年 9 月 13 日—2012 年 11 月 2 日为整平胶结层主要施工期，完成了约 70% 的整平胶结层施工，约 60% 库底防渗层施工（其中 10 月份气温较低，间歇施工）；2013 年 5 月—2013 年 7 月 17 日为防渗层施工期，完成剩余工程量施工。2013 年 7 月底进行了蓄水验收。

为检验成品质量，整平胶结层取芯样 232 个，孔隙率为 10.2% ~14.8%，平均值 13.2%；防渗层取芯 212 个，孔隙率为 0.9% ~3.0%，平均值 2.1%；加厚层取芯 28 个，孔隙率为 1.2% ~2.8%，平均值 2.0%。质量合格率 100%。

现场检测结果表明：防渗层沥青混凝土拌和站出机口孔隙率平均值 1.52%，施工完成后孔隙率平均值 2.5%，完全满足运行期防渗层沥青混凝土面板孔隙率≤3% 的要求。

防渗层沥青混合料出机口成型试件低温冻断温度检测 31 组，最大值为 －43.1℃，最小值为 －46.9℃，平均值为 －44.6℃。均能够满足不大于 －43℃ 技术指标要求。

2013年6月根据安全鉴定专家组意见在库底和库坡各钻取了一组芯样，委托中国水科院工程检测中心进行沥青混凝土芯样冻断试验，库底芯样低温冻断最大值为-43.2℃，最小值为-45.1℃，平均值为-44.0℃；库坡芯样低温冻断最大值为-44.8℃，最小值为-46.6℃，平均值为-45.9℃。均能够满足不大于-43℃技术指标要求。

沥青混合料及沥青混凝土以上检测结果表明呼蓄电站上水库沥青混凝土面板施工所采取的沥青混凝土施工配合比、施工设备、施工工艺是成功的，对沥青混凝土面板严寒地区防渗、抗冻性能进行探究及探索，将对其他严寒地区设计、施工沥青混凝土起到一定的借鉴作用。

5.6　首次编制了严寒地区沥青混凝土施工规范

5.6.1　国内现行规范及应用情况

国内现行的水工沥青混凝土面板施工行业标准有《水工碾压式沥青混凝土施工规范》（DL/T5363—2006）、《水工沥青混凝土施工规范》（SL514—2013）以及《沥青混凝土面板堆石坝及库盆施工规范》（DL/T5310—2013），它们对规范水工沥青混凝土面板施工，推动我国水工沥青混凝土技术的发展起到了积极的作用。

沥青混凝土面板具有很好的防渗和适应基础变形能力，无毒、环保、施工速度快、维修方便，在国外广泛应用于水工建筑物防渗工程中。近年来，随着沥青品质和机械化施工技术水平的提高，我国的水工沥青混凝土面板工程建设有了长足的发展，尤其在抽水蓄能电站上库防渗工程中得到了广泛应用。先后建成的天荒坪、宝泉、张河湾、西龙池、呼和浩特抽水蓄能电站上库均采用了沥青混凝土面板防渗，效果良好。呼和浩特抽水蓄能电站上库对严寒条件下沥青混凝土面板提出了极为严苛的低温抗裂要求，工程的成功建设也为严寒地区沥青混凝土面板的实施积累了丰富的经验。为了适应我国水工沥青混凝土工程建设的需要，促进国内施工技术的进步，在前面规范的基础上，吸收寒冷及严寒地区沥青混凝土面板建设的成功经验。由内蒙古呼和浩特抽水蓄能发电有限责任公司提出，首次编制了适用于严寒地区的《水工沥青混凝土面板施工规范》（已纳入中国长江三峡集团公司企业标准）。

5.6.2　本规范的创新点

标准在现行行业标准基础上增加和调整了以下内容：

（1）提出了封闭层宜采用改性沥青；极端气温低于-35℃时，应采用改性沥青，且宜优先选用5℃延度较大、脆点较低的改性沥青。

国内天荒坪、张河湾、西龙池等工程封闭层采用的是普通沥青，宝泉和呼蓄工程封闭层采用的是改性沥青。宝泉电站改性沥青封闭层则几乎不流淌且改性沥青的耐老化性能和低温抗裂性能俱佳，因此建议封闭层采用改性沥青。

根据呼蓄工程试验及参考中海油企业标准，为保证沥青混凝土面板低温冻断性能，规范建议极端最低气温低于－30℃、设计冻断温度低于－35℃时，改性沥青脆点≤－18℃。实际施工中改性沥青低温冻断性能，尤其是对于冻断温度低于－40℃，必须通过专项试验研究论证。

表 5.6－1　改性沥青技术要求

指　标	单位	SBS 类（Ⅰ类）				SBR 类（Ⅱ类）			试验方法
		I-A	I-B	I-C	I-D	II-A	II-B	II-C	
针入度（25℃，5s，100g）	0.1mm	＞100	80～100	60～80	40～60	＞100	80～100	60～80	5.4
针入度指数 PI，不小于		－1.2	－0.8	－0.4	0	－1.0	－0.8	－0.6	5.4
延度 5℃，5cm/min，不小于	cm	50	40	30	20	60	50	40	5.5
软化点 $T_{R\&B}$，不小于	℃	45	50	55	60	45	48	50	5.6
黏度 135℃，不大于	Pa·s	3							T0625 T0619
闪点，不小于	℃	230				230			5.9
溶解度，不小于	%	99				99			5.7
弹性恢复 25℃，不小于	%	55	60	65	75	—			T0662
粘韧性，不小于	N·m	—				5			T0624
韧性，不小于	N·m	—				2.5			T0624
贮存稳定性，48h 软化点差，不大于	℃	2.5				—			T0661
TFOT（或 RTFOT）后残留物									
质量变化，不大于	%	±1.0							5.8
针入度比 25℃，不小于	%	50	55	60	65	50	55	60	5.4
延度 5℃，不小于	cm	30	25	20	15	30	20	10	5.5

注 1：试验方法按照 DL/T5362 规定的执行，表中试验方法一栏未注字母 T 的为该规范章节号。

注 2：试验方法按照 JTJ052 规定的执行，表中试验方法一栏注字母 T 的为该规范章节号。

注 3：表中 135℃黏度可采用《公路工程沥青及沥青混合料试验规程》（JTJ 052）中的“沥青布氏旋转黏度试验方法（布洛克菲尔德黏度计法）”进行测定。若在不改变改性沥青物理力学性质并符合安全条件的温度下，易于泵送和拌和，或经证明适当提高泵送和拌和温度时能保证改性沥青的质量，容易施工，可不要求测定。

注 4：贮存稳定性指标适用于工厂生产的成品改性沥青。现场制作的改性沥青对贮存稳定性指标可不作要求，但应在制作后，保持不间断的搅拌或泵送循环，保证使用前没有明显的离析。

对数据进行统计分析，找出了沥青混凝土冻断温度与改性沥青 5℃ 延度、脆点的统计规律如图。从图 5.6－1 中可以看出：沥青混凝土低温冻断温度与改性沥青 5℃ 延度、脆点等指标相关性明显。尤其是与改性沥青脆点密切相关。

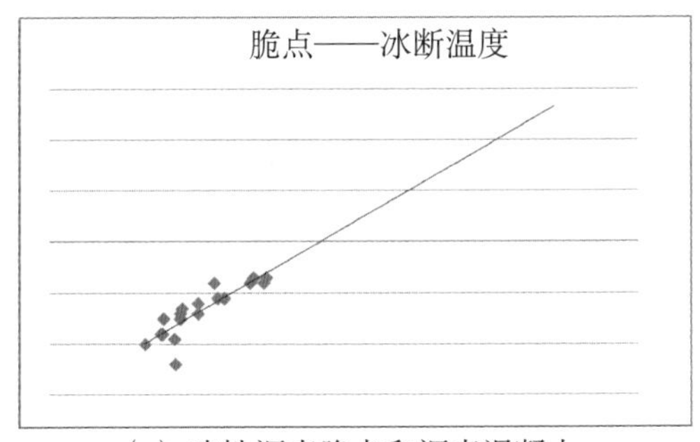

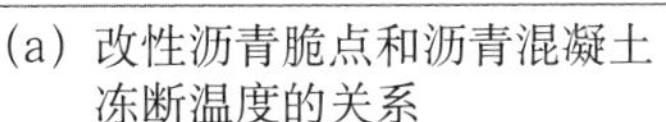
（a）改性沥青脆点和沥青混凝土冻断温度的关系

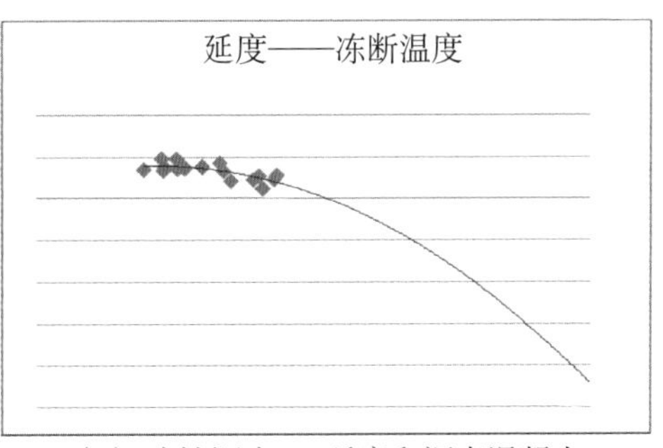

（b）改性沥青5℃延度和沥青混凝土冻断温度的关系

图 5.6－1　改性沥青混凝土低温性能指标和沥青混凝土冻断温度的关系

（2）提出了严寒地区防渗层沥青混凝土配合比设计应以冻断温度为主控参数进行配合比优选。

进行室内配合比试验时，有可能出现多种沥青都满足设计要求的情况，但如对所有满足设计要求的沥青都进行配合比试验，则工作量太大。因此可采用以往工程经验配合比针对沥青混凝土关键指标对沥青进行优选，如在严寒地区，低温抗裂性能较重要，可以针对沥青混凝土冻断温度对沥青进行优选。呼和浩特抽水蓄能上水库沥青混凝土面板的突出问题是低温抗裂，要求沥青混凝土冻断温度≤－43℃，室内配合比试验从沥青优选到配合比优选，始终以沥青混凝土冻断温度为重要指标，进行材料比选和配合比优选。

（3）提出了原材料细骨料超径率双控技术标准。

砂的超径可以通过实际施工配合比调整，超径率应相对稳定。沥青混凝土粗细骨料的划分是以 2.36mm 筛孔划分的，不同于普通混凝土中以 5mm 筛孔划分，以往的规范参照混凝土规范要求细骨料超径 <5%，而且细骨料中超径部分在配料时可以通过配合比计算作为粗骨料计取，但超径太多也会造成各级骨料用量不均衡，因此也做出适当限制。故规范规定人工砂用 4.75mm、2.36mm 两级双控，以 4.75mm 计算的超径 <5%，以 2.36mm 计算的超径 <20%。天然砂超径率采用《公路沥青路面施工技术规范》（JTG F40－2004）中砂标准，4.75mm 过筛率为≤10%，2.36mm 过筛率为≤25%。

（4）调整了原材料中人工砂石粉含量技术标准。

《水工沥青混凝土施工规范》（SL 514—213）要求人工砂石粉含量小于5%，对于现有砂石料生产工艺很难达到。宝泉和呼蓄电站人工砂石粉含量最大值24.7%，最小值4.4%，平均值14.2%～14.5%，两工程石粉含量波动基本一致。随着拌和系统技术的发展，拌和站具有二次除尘装置，能保证进入热料仓的砂的石粉含量小于5%，不影响混凝土配合比，对沥青混凝土质量不会产生实质性影响。参考《公路沥青路面施工技术规范》（JTG F40－2004）石粉含量≤15%，考虑沥青混凝土人工砂与常规混凝土两者的人工砂生产工艺无不同，故人工砂石粉含量≤18%相对比较合理。

（5）调整了整平胶结层施工的外界温度要求。

DL/T5363—2006中根据工程经验，正常施工气象条件要求沥青混凝土防渗面板施工时气温在5℃以上。

国内正岔、石砭峪、呼蓄等沥青混凝土面板防渗工程均有在5℃以下施工实例。气温在0℃～5℃情况下，呼蓄整平胶结层共摊铺约$10\times10^4m^2$，其质量完全满足设计要求。在严寒地区5℃以下施工情况必然普遍存在，故调整沥青混凝土整平胶结层施工气温在0℃以上。

（6）调整了防渗层接缝施工工艺。

施工接缝边沿以往规范一般要求斜面坡度宜为45°，本标准提出施工缝成型坡度宜为30°～45°。该角度在摊铺时若严格要求为45°，无法保证施工接缝碾压密实，且不利于快速施工。宝泉和呼蓄工程中曾试验采用小型的跟碾压设备在摊铺机摊铺后立即对接缝进行碾压，取得良好效果。

（7）增加了沥青混凝土面板的缺陷处理一章。

本标准根据实际情况，分别针对整平胶结层、防渗层、封闭层等可能出现的缺陷情况提出了处理意见，主要缺陷包括密实度、渗透性、压实厚度等不符合要求、出现裂缝、鼓包、脱皮等。处理方法分别如下：

① 整平胶结层

a. 检查压实厚度不满足设计要求时，可补铺一层或挖除。

b. 渗透性或密度检测不合格的应挖除。

c. 出现裂缝应查明原因，可采取热沥青补缝或挖除。

d. 出现鼓包现象应查明原因，挖除、置换处理。

② 防渗层

a. 真空渗气仪检测施工缝不能满足密实度要求时，应挖除，置换新的沥青混合料。

b. 检查压实厚度不满足设计要求时，可补铺一层或挖除。

c. 出现鼓包现象应查明原因，挖处、置换处理。

③ 封闭层

鼓泡、脱皮或厚度不足的应清除，重新涂刷。

5.6.3　规范的推广应用（企业标准、行业规范）

中国长江三峡集团公司企业标准《水工沥青混凝土面板施工规范》在现行行业技术标准的基础上，总结了严寒地区沥青混凝土面板建设的成功经验，该规范适应了我国水工沥青混凝土工程建设的需要，促进了国内沥青混凝土面板施工技术进步。呼蓄电站低温冻断温度最高值不高于－43℃，防渗层沥青混凝土面板孔隙率小于3%，解决了沥青混凝土面板的－41.8℃以下抗低温冻断的技术难题。呼蓄电站上水库于2013年7月13日上水库通过中国水电工程顾问集团公司的蓄水安全鉴定，8月8日初期蓄水。经历近两年及两个冬季的运行，监测数据显示运行状态良好。

呼蓄电站上水库沥青混凝土面板设计施工经验在河北省张家口市崇礼太舞四季文化旅游度假区1#蓄水池沥青混凝土面板工程中得以直接应用。其1#蓄水池是2022年北京冬季奥运会项目主场雪场的配套设施，极端最低气温－40℃，极端最高气温39℃。由中国电建集团北京勘测设计研究院有限公司和北京中水科海利工程技术有限公司承担设计、施工任务，直接应用呼蓄电站严寒地区沥青混凝土面板的研究成果。防渗层改性沥青混合料冻断温度－45.6℃，改性沥青混凝土芯样冻断温度－43.1℃。面板施工期自2014年6月～2015年9月，建成随即蓄水造雪运行。目前经受了－42℃（实测，2016年1月23日）低温的考验未发现裂缝和漏水现象。

《水工碾压式沥青混凝土施工规范》（DL/T5363—2006）由中国葛洲坝水利水电工程集团有限公司主编，中国长江三峡集团公司为参编单位；《水工沥青混凝土施工规范》（SL514—2013）由中国水利水电科学研究院主编；《土石坝沥青混凝土面板和心墙设计规范》（DL/T5411—2009）由中国水电顾问集团华东勘测设计研究院和西安理工大学主编。呼蓄电站在设计施工上均积累了丰富的经验，在原材料选择、配合比设计、现场施工等方面有所突破，现计划在原规范标准的基础上，集合国内行业领先科学研究机构和企业，发起修编水工沥青混凝土面板施工行业标准。

第6章 沥青混凝土面板安全监测成果评价

沥青混凝土面板摊铺之后其抗冻性能、防渗性能的好坏将通过摊铺时埋设的安全监测仪器采集的监测数据进行反映、推演。降低堆石坝内浸润线将对坝体抗滑稳定产生较为直接的影响，为尽快引、排防渗体系后的渗漏的库水，沥青混凝土面板摊铺在透水性较强的细骨料上，因此对沥青混凝土面板的防渗性能监测数据分析将从两方面开展，一是与库水位、大气直接接触的面板监测数据，二是上水库大坝防渗体系监测数据；对沥青混凝土面板抗冻性能监测数据分析从三方面开展，分别是沥青混凝土面板温度、变形、应力应变方面。

6.1 监测布置及实施情况

（1）沥青混凝土面板

为监测沥青混凝土面板防渗、抗冻性能及蓄水后变形情况，在沥青混凝土面板布置有5个监测断面，其中在库盆西南和东南库岸各布置1个监测断面，大坝布置有2个监测断面，北侧库岸布置有1个监测断面，上水库沥青混凝土面板监测断面布置平面示意图见图6.1－1，各断面位置及监测项目见表6.1－1。

监测仪器类型及具体布置、实施情况如下：

固定式斜面测斜仪（4套/77支）：分别布置在0＋094.00、0＋276.20、0＋466.678、1＋671.20断面。

温度计（30）：0＋061.500断面布置有10支；0＋281.500断面布置有10支；0＋996.500断面布置有10支。

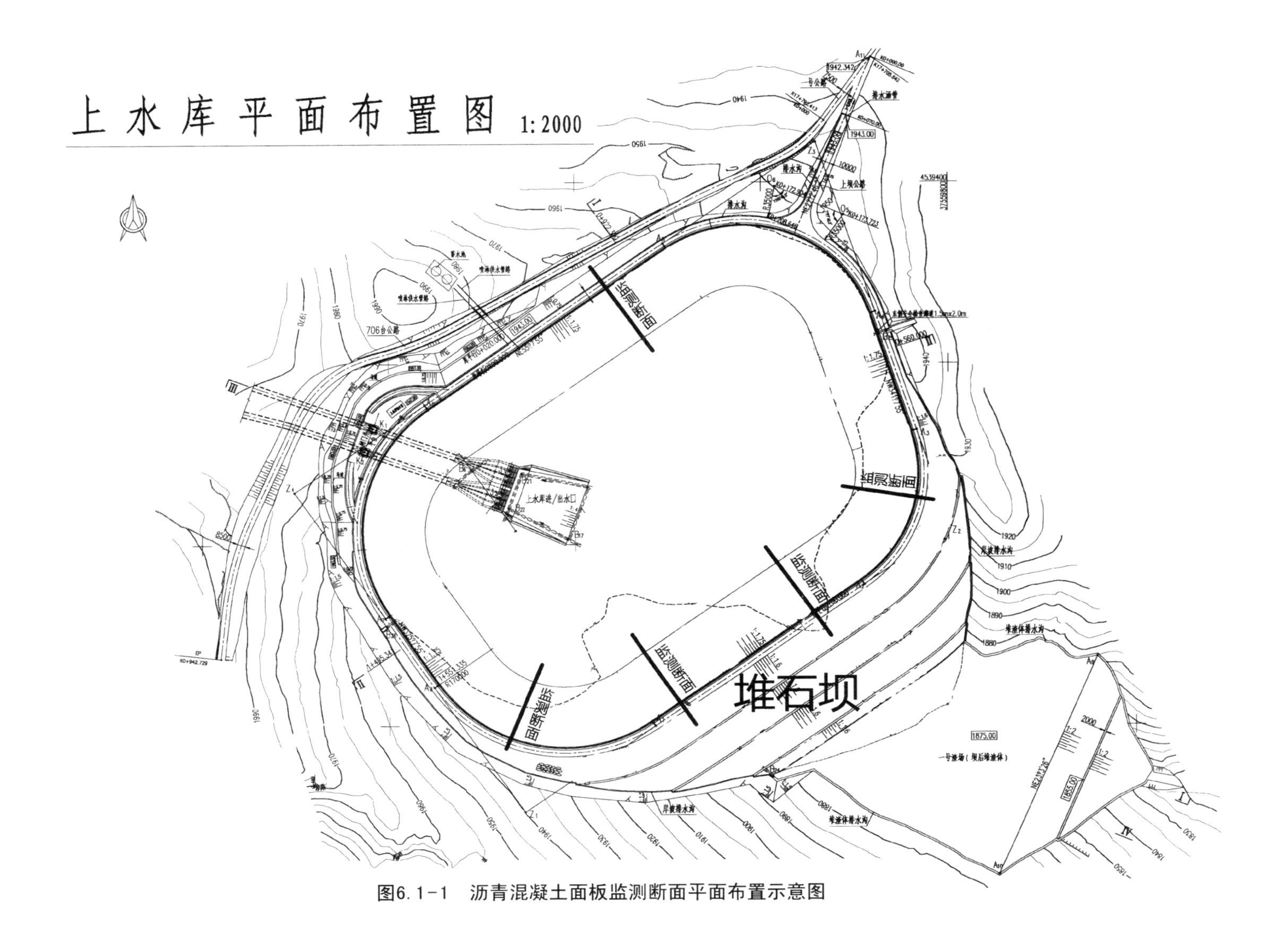

图6.1-1　沥青混凝土面板监测断面平面布置示意图

表 6.1－1　沥青混凝土面板监测断面位置及监测项目统计表

监测断面编号	桩号	监测项目
Ⅱ	0＋094.000	面板挠度变形
Ⅰ	0＋276.200	
Ⅴ	0＋466.678	
Ⅳ	1＋671.200	
	0＋060.000～0＋061.500	面板应变及温度
	0＋272.946～0＋281.500	
	0＋477.000	面板应变
	0＋967.000～0＋996.500	面板应变及温度
	1＋650.000	面板应变

应变计（37）：0＋060.000 断面布置有 9 支；0＋272.946 断面布置有 9 支；0＋477.000 断面布置有 9 支；0＋967.000 断面布置有 1 支；0＋995.000 断面布置有 3 支；1＋650.000 断面布置有 6 支。

（2）与沥青混凝土面板防渗相关的建筑物监测布置

与沥青混凝土面板防渗性能研究相关的建筑物监测布置有：①库盆沥青混凝土面板垫层料内分区布置的渗压计，库盆沥青混凝土面板分区为大坝沥青混凝土面板、岩坡沥青混凝土面板、库底沥青混凝土面板、进出水口沥青混凝土面板与混凝土搭接处；②堆石坝坝基渗压计；③绕堆石坝渗流监测的测压管；④库盆排水系统。相关的渗流监测布置主要分布在上水库坝体坝基监测布置统计表与上水库库岸库底监测布置统计表内，详见表 6.1－2、表 6.1－3。

表 6.1－2　上水库坝体坝基渗流监测断面位置及监测项目统计表

监测断面层次	监测断面	桩号
主要断面	Ⅰ	0＋274.000
	Ⅱ	0＋094.000
	Ⅲ	0＋210.000
	Ⅳ	1＋670.000
	Ⅴ	0＋460.000
一般断面	2 号冲沟	—
	3 号冲沟	—
	坝后堆渣体	—
	库底开挖填筑分界线	—

监测仪器类型及具体布置如下：

渗压计 37 支：Ⅰ断面 7 支，Ⅱ断面 6 支，Ⅲ断面 1 支，Ⅳ断面 3 支，Ⅴ断面 3 支，二号冲沟 6 支，三号冲沟 7 支，坝后堆渣体 4 支。

测压管 9 个：Ⅰ断面 7 支，Ⅱ断面 2 支。

表 6.1－3　上水库库岸库底渗流监测断面位置及监测项目统计表

监测断面层次	监测断面	桩号
主要断面	Ⅵ	0＋760.000
	Ⅶ	1＋012.000
	Ⅷ	1＋264.7000
	Ⅸ	1＋495.825
一般断面	Ⅱ	0＋094.000
	A	0＋054.000
	B	1＋214.359
	C	1＋317.000
	Ⅰ	0＋274.000
	Ⅲ	0＋210.000
	Ⅳ	1＋670.000
	Ⅴ	0＋460.000

监测仪器类型及具体布置如下：

渗压计 41 支：Ⅱ断面 2 支，Ⅴ断面 7 支，Ⅵ断面 5 支，Ⅶ断面 4 支，Ⅷ断面 3 支，进出水口 7 支，Ⅸ断面 5 支，A 断面 4 支，B 断面 4 支。

测压管 15 个：A 断面 1 个，Ⅰ断面 2 个，Ⅱ断面 1 个，C 断面 1 个，Ⅳ断面 3 个，Ⅴ断面 1 个，Ⅵ断面 1 个，Ⅶ断面 3 个，Ⅷ断面进出水口中心线 2 个。

6.2　监测物理量分析

6.2.1　大气温度

从 2013 年 1 月对沥青混凝土面板所处地区环境温度开始监测，监测成果显示，该地区 2013 年 1 月至 2016 年 1 月实测最低温度为－40℃，发生日期为 2016 年 1 月 22 日，最高温度为 33.0℃，发生日期为 2014 年 7 月 17 日。

6.2.2　沥青混凝土面板防渗性能监测分析

呼和浩特抽水蓄能电站上水库采用全库盆沥青混凝土防渗，对沥青混凝土在严寒区的防渗性能应用检测，不仅需要从与库水位直接接触的沥青混凝土面板下垫层料内布置的渗压计单点入手，更要从上水库堆石坝坝基渗压、绕坝渗流、排水系统渗流等能间接反应沥青混凝土防渗效果的方面进行综合分析。为此，对布置在沥青混凝土面板下监测垫层料内渗压值的渗压计、坝基渗压计、绕坝渗流监测测压管、库底排水廊道内布置的分区监测汇集到排水沟内水量的量水堰等的监测数据进行对比分析，分析沥青混凝土在严寒区的防渗性能。

（1）沥青混凝土面板下渗压

为监测沥青混凝土面板防渗效果及可能的面板后反向水压力，对大坝区、沿坡区沥青混凝土面板下渗压进行了监测，其中在大坝面板基础垫层料底部布置有渗压计7支，岩坡面板下和库底面板下垫层料底部布置有渗压计35支，在进出水口钢筋混凝土与沥青混凝土面板搭接处垫层料底部布置有渗压计6支。

① 大坝面板下渗压

上水库蓄水后已运行近28个月，为检测沥青混凝土面板的防渗性能，选取最高水位时（上水库正常蓄水位▽1940m，以下同）监测部位渗压值进行分析。监测数据显示，最高水位时，大坝区沥青混凝土面板下渗压值在－0.6～0.7kPa之间，蓄水后渗压变化量在－0.1～0.4kPa之间，渗压较之蓄水前变化较小。大坝区面板下典型测点渗压随水位变化时序曲线见图6.2－2。

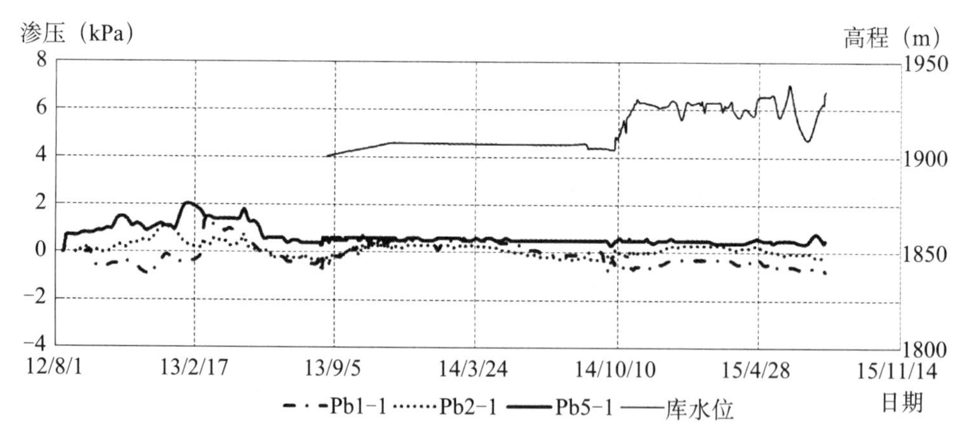

图6.2－2　大坝区面板下典型测点渗压库水位时序曲线

② 岩坡面板下渗压

监测数据显示，最高水位时岩坡区沥青混凝土面板下渗压值在－8.0～1.0kPa之间，蓄水后渗压变化量在－1.4～0.9kPa之间，渗压变化较小。岩坡区面板下典型测点渗压随水位变化时序曲线见图6.2－3。

③ 库底渗压

监测数据显示，最高水位时库底区沥青混凝土面板下渗压值在－1.6～12.9kPa之间，蓄水后渗压变化量在－2.0～1.3kPa之间，渗压变化较小。库底区面板下典型测点渗压随水位变化时序曲线见图6.2－4。

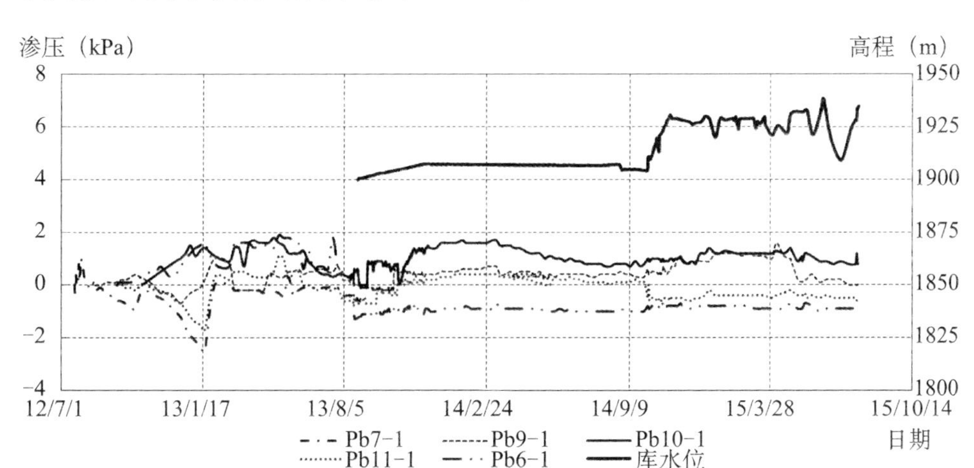

图6.2－3　岩坡区面板下典型测点渗压库水位时序曲线

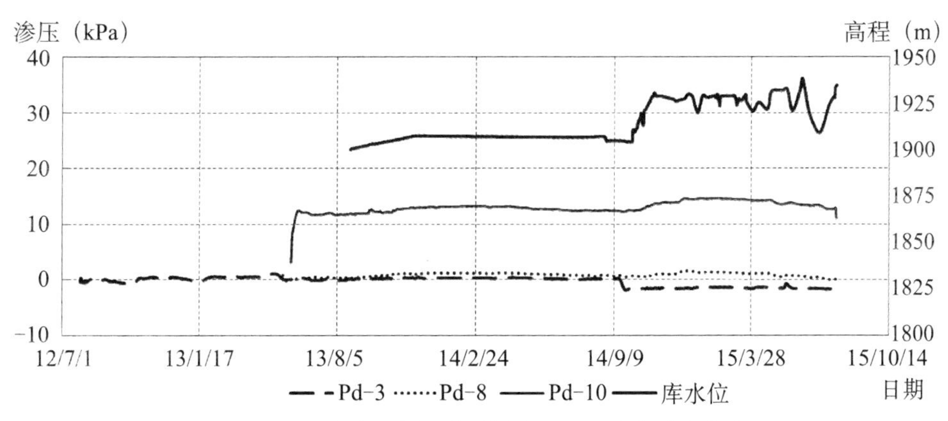

图6.2－4　库底面板下典型测点渗压库水位时序曲线

④ 进出水口钢筋混凝土与沥青混凝土搭接处渗压

监测数据显示，最高水位时进出水口钢筋混凝土与沥青混凝土搭接处总体处于无渗压或处于较小渗压状态，渗压值在－6.7～0.4kPa之间，蓄水后渗压变化量在－2.9～0.5kPa之间，渗压变化较小。进出水口钢筋混凝土与沥青混凝土搭接处典型测点渗压随水位变化时序曲线见图6.2－5。

（2）坝基渗透水压及绕坝渗流

最高库水位时，堆石坝坝基渗压在－4.8～1.7kPa之间，较蓄水前变化量在－4.2～1.5kPa之间；两坝头及圆弧段测压管水位在1902.017～1931.050m之间，较蓄水前变化量总体在0.197～0.924m之间，UP1测压管较之蓄水前变化量为8.263m。堆石坝右岸UP1、UP2测压管水位与库水位时序曲线见图6.2－6。

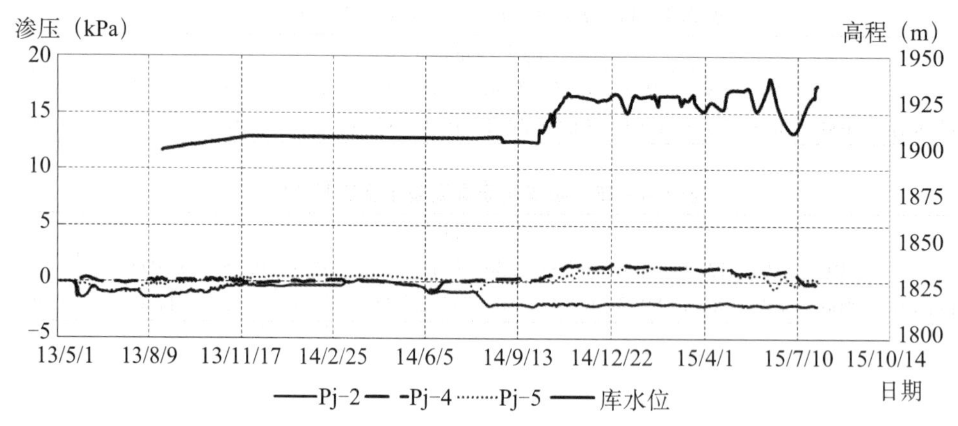

图 6.2-5　搭接处面板下典型测点渗压库水位时序曲线

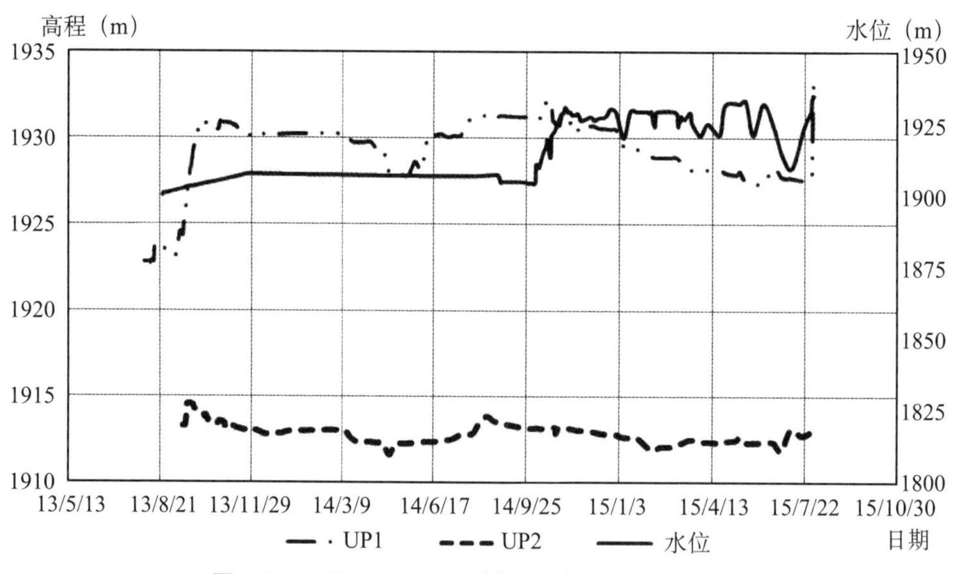

图 6.2-6　UP1、UP2 测压管水位与库水位时序曲线

（3）排水系统渗流

上水库排水系统廊道及隔离带将库盆分为 10 个区，根据面板分区情况和库底渗流水汇集方向特点，在库底排水廊道各排水分区汇集渗流排水沟末端按分区控制共设置量水堰 24 个。蓄水前库底廊道总流量为 109L/min（2013 年 8 月 7 日测值）。

监测数据显示，上水库 2015 年 8 月上旬接近正常蓄水位时（8 月 7 日，以下同）总渗流量为 470L/min，其中外排廊道总流量为 335L/min，库底廊道总流量为 135L/min，其中前池部位流量为 97L/min，库底廊道流量为 38L/min。由表 6.2-1 监测数据可见，总渗流量较之蓄水前增加 361L/min，远小于宜兴抽水蓄能电站上库防护处理后最大渗漏量 1710L/min。其中外排廊道总流量较之蓄水前增加约为

287L/min，占总渗流增加量的79.5%，库底廊道总流量较之蓄水前增加约为74L/min，占总渗流增加量的20.5%，总渗流量的增加主要受外排廊道流量增加影响。受前池部位结构缝处沥青混凝土塑性变形影响，前池部位渗漏量高水位时小于低水位。上水库水位在1930m以下库底廊道流量水位时序曲线见图6.2-7。长序列监测数据显示，上水库水位接近正常蓄水位后运行过程中，排水系统总渗流量变化主要受库底廊道流量变化影响（见图6.2-8）。

表6.2-1　排水系统主要流量监测成果汇总表　　单位：L/min

	蓄水前/安装后*	库水位接近最高时	蓄水前后变化量
总渗流量	109	470	361
外排廊道总流量	48	335	287
库底廊道总流量	61	135	74
前池部位流量*	173	97	76
库底廊道流量*	20	38	18

注：①库底廊道总流量为前池部位流量和库底廊道流量相加；②“*”该值为新增量水堰测值，观测时间为2013年9月4日。

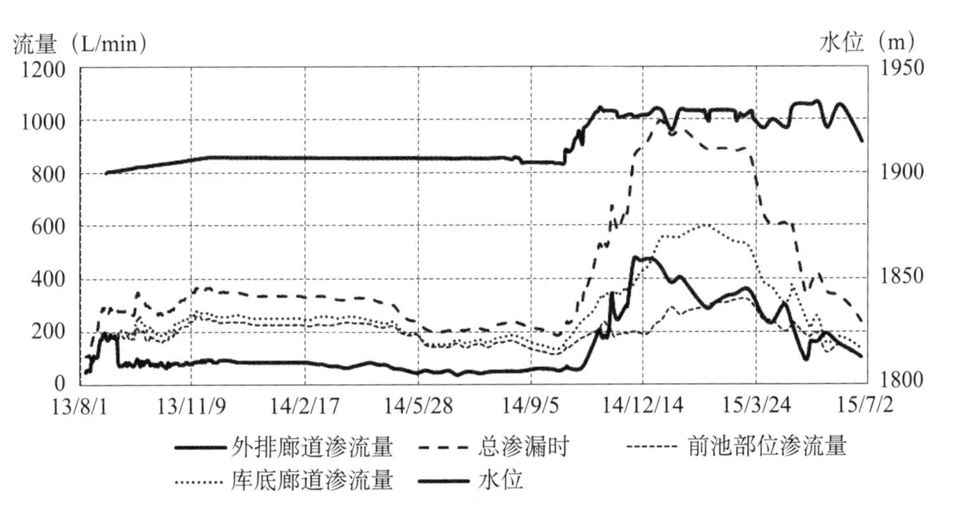

图6.2-7　上水库水位1930m以下库底廊道流量水位时间过程线

上水库蓄水过程中，水位较低时（1907m以下）总渗漏量主要来自前池部位（见图6.2-7）；当水位抬升至1930m过程中，总渗漏量依然主要受前池部位渗漏影响（见图6.2-7）；水位继续抬升（1938m）至接近正常蓄水位（1940m）过程中，总渗漏量受前池部位、外排廊道渗漏共同影响（见图6.2-8）。究其原因，库水位较低时，前池部位混凝土结构缝是库水渗漏的主要途径；水位较高时，前池部位结构缝内填充的沥青混凝土塑性变形使该渗漏途径渗漏量降低，而外排廊道地势处于整个库盆最低处，故高水位时未汇入库盆排水系统的渗漏水量中的大部分水量将从

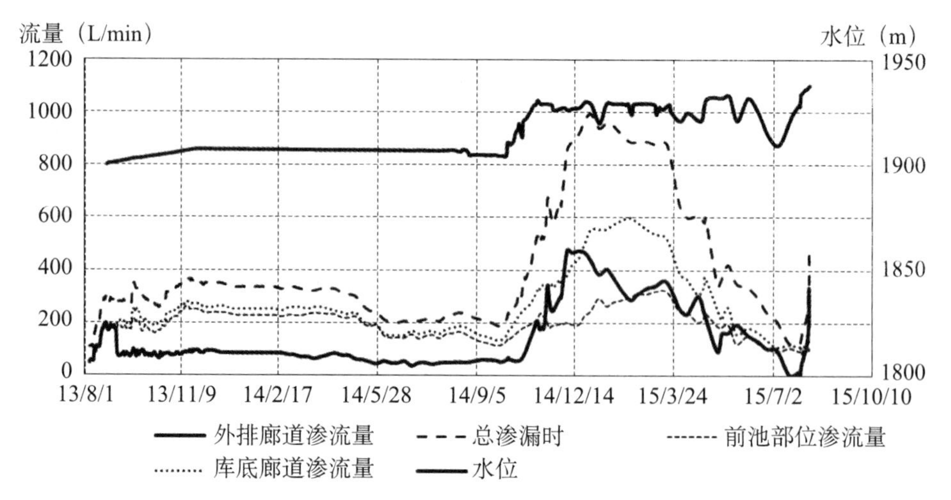

图 6.2-8　上水库水位接近正常蓄水位后库底廊道流量水位时间过程线

外排廊道汇集、出漏。

综上所述，沥青混凝土面板正常运行后，库盆总渗漏增加量约为 361L/min，远低于宜兴抽水蓄能电站上库防护处理后最大渗漏量，渗漏主要由库水位升高影响但未见异常渗漏。

6.2.3　沥青混凝土面板抗冻性能监测分析

（1）面板温度

呼蓄电站选择沥青混凝土作为大坝防渗方案时已做了大量实验、研究，但现场施工质量与实验室试验成果是否存在一定差异，需通过现场实测监测数据进行检验。为此，在沥青混凝土面板布置了 3 个监测断面共 30 支温度计监测沥青混凝土摊铺后温度变化情况。其中 T_{1-1} ~ T_{1-10}温度计、T_{2-1} ~ T_{2-10}温度计布置在坝坡区，T_{3-1} ~ T_{3-10}温度计布置在岩坡区。各温度计布置剖面图见表 6.2-2。

表 6.2-2　面板温度计布置统计表

高程	Ⅰ断面仪器编号（0+061.50）	Ⅱ断面仪器编号（0+281.50）	Ⅲ断面仪器编号（0+996.50）
▽ 1939.832m	T_{1-10}	T_{2-10}	T_{3-10}
▽ 1934.693m	T_{1-9}	T_{2-9}	T_{3-9}
▽ 1929.554m	T_{1-8}	T_{2-8}	T_{3-8}
▽ 1924.415m	T_{1-7}	T_{2-7}	T_{3-7}
▽ 1919.276m	T_{1-6}	T_{2-6}	T_{3-6}
▽ 1914.137m	T_{1-5}	T_{2-5}	T_{3-5}
▽ 1908.998m	T_{1-4}	T_{2-4}	T_{3-4}
▽ 1904.493m	T_{1-3}	T_{2-3}	T_{3-3}

续表

高程	Ⅰ断面仪器编号（0+061.50）	Ⅱ断面仪器编号（0+281.50）	Ⅲ断面仪器编号（0+996.50）
▽1901.045m	T_{1-2}	T_{2-2}	T_{3-2}
▽1900.000m	T_{1-1}	T_{2-1}	T_{3-1}

① 光照对面板温度影响

库水面以上裸露在大气中的沥青混凝土温度受大气温度、太阳光照等因素影响。一方面，温度计布置在沥青混凝土整平胶结层内，其与大气间隔沥青玛蹄脂层和约5cm厚整平胶结层沥青混凝土，其反映的温度受大气温度、保护层厚度共同影响。另一方面，沥青混凝土具有吸热特性，相同高程的沥青混凝土在向阳处与背阳处温度将有可能不同。为此，我们选取埋设在同一高程的T_{1-10}（背阳处）、T_{3-10}（向阳处）两个温度计监测数据进行分析。同一高程向阳处、背阳处沥青混凝土温度与大气温度相关曲线见图6.2-9~图6.2-11。

监测数据显示，①沥青混凝土温度受光照影响较为明显。向阳处沥青混凝土温度比大气温度（一天中最低温度，以下同）高11~20℃之间（见图6.2-9），背阳处沥青混凝土温度与大气温度较为接近，温度差在3~10℃之间（见图6.2-10），且沥青混凝土温度与大气温度差夏季大于冬季；②沥青混凝土温度受大气温度影响较为明显。在同一时段内，5月~10月大气温度相对温暖时，向阳处与背阳处沥青混凝土温度较为接近，向阳处温度比背阳处温度高2~6℃，11月~次年4月大气温度相对寒冷时，向阳处与背阳处沥青混凝土温差较大，向阳处温度比背阳处温度高9~15℃（见图6.2-11）。

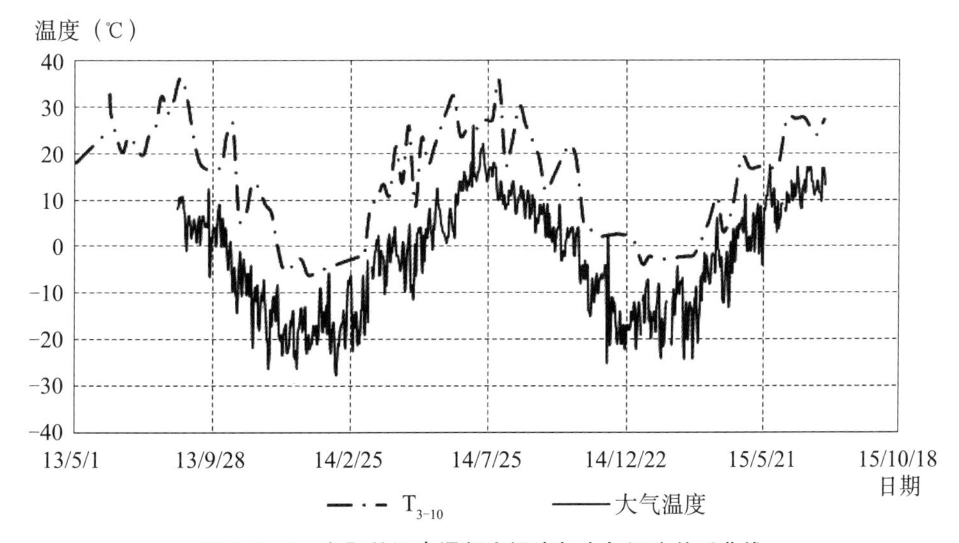

图6.2-9　向阳处沥青混凝土温度与大气温度关系曲线

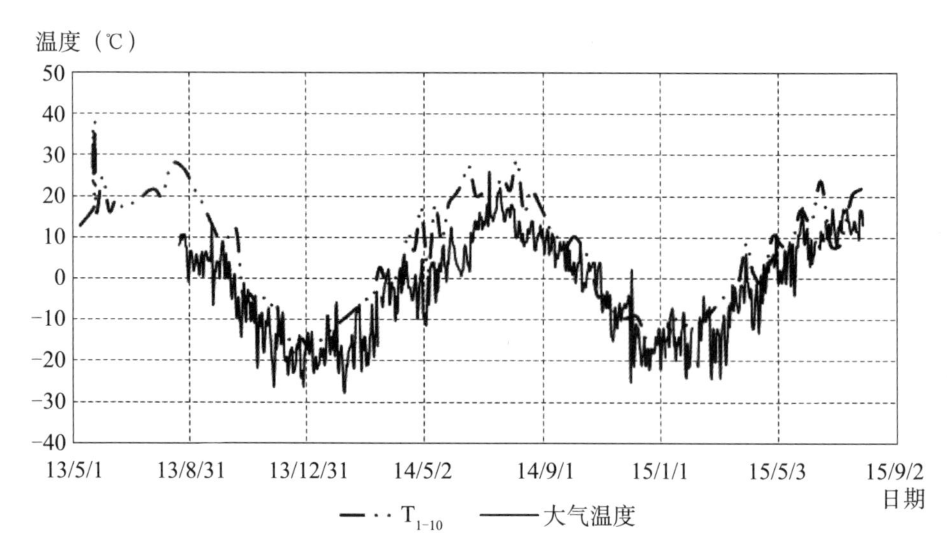

图 6.2－10　背阳处沥青混凝土温度与大气温度关系曲线

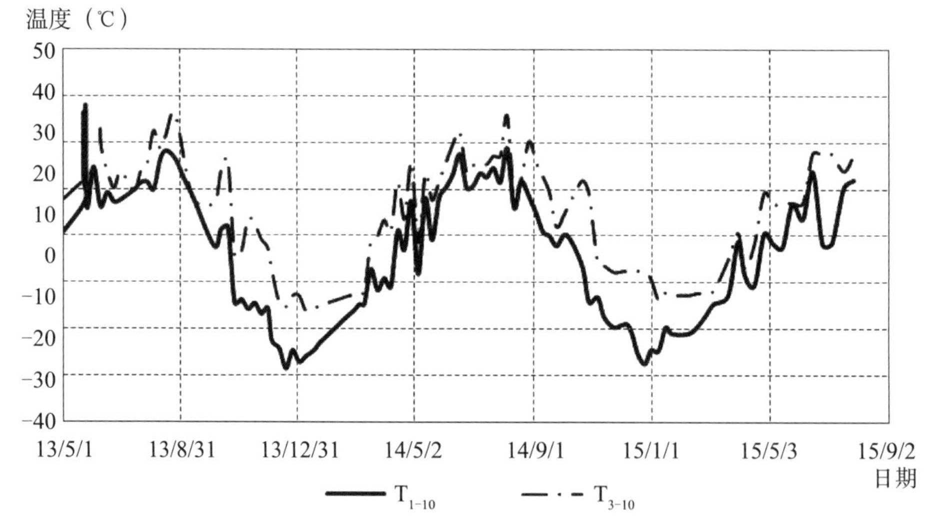

图 6.3－11　向阳处、背阳处沥青混凝土温度时序曲线

② 水温对面板温度影响

为分析水面下沥青混凝土温度是否受光照影响，我们选取库底向阳处温度计（T_{3-1}）、背阳处温度计（T_{1-1}、T_{2-1}）监测数据进行比对。

监测数据显示，由于水体保温特性，库水面下沥青混凝土温度受光照影响较小（见图 6.2－12 ~ 图 6.2－13），不同光照部位沥青混凝土温度基本相同（见图6.2－14）。

此外，水为温度传导介质，监测数据显示，冬季沥青混凝土温度水面下高于水

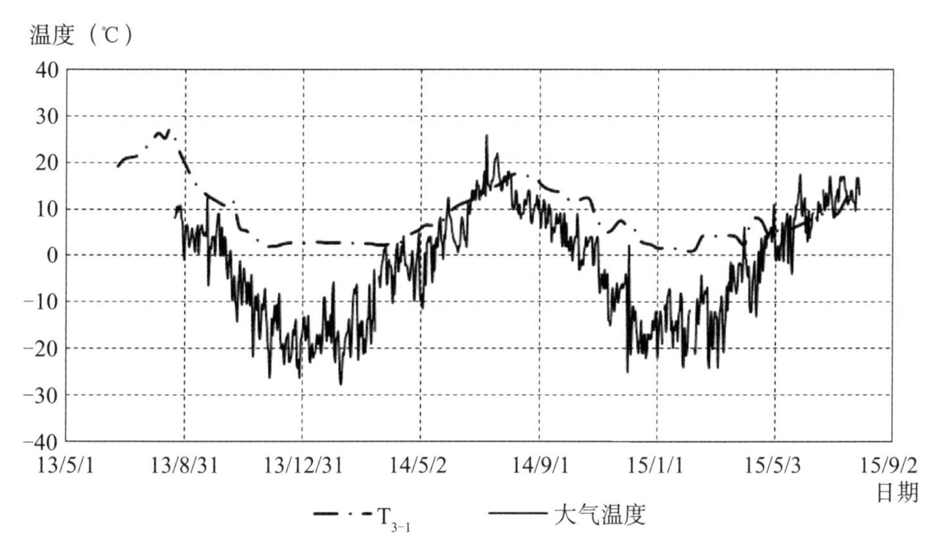

图 6.2－12　库底向阳处沥青混凝土温度与大气温度时序曲线

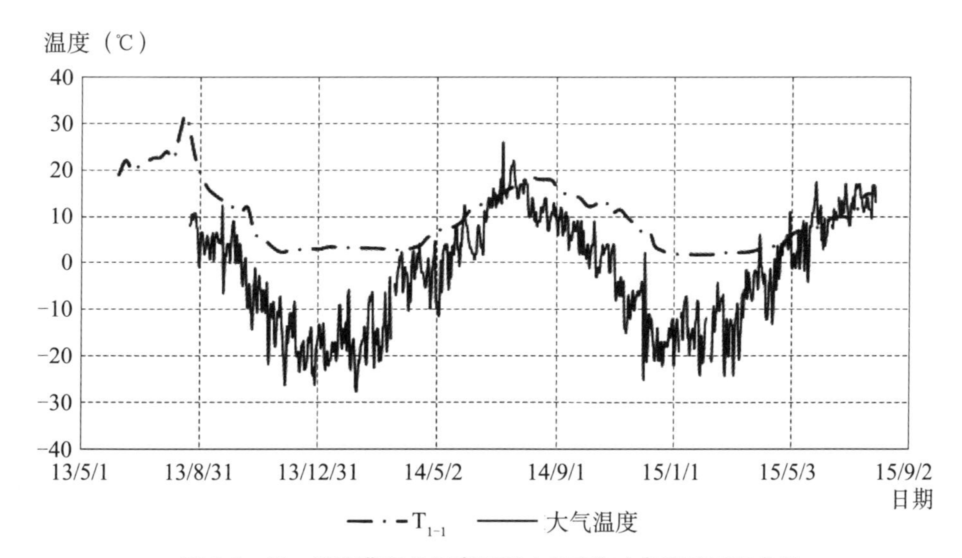

图 6.2－13　库底背阳处沥青混凝土温度与大气温度时序曲线

面上（水面下沥青混凝土温度随高程增加递减），春季沥青混凝土温度水面上高于水面下（水面下沥青混凝土温度随高程增加增加），见图 6.2－15。

综上所述，沥青混凝土摊铺后，除去摊铺时沥青混凝土本身拌制时的高温影响外，沥青混凝土温度范围值在－22.1～38.1℃之间，最低温度比西龙池抽水蓄能电站上水库 2013 年最低温度低 9.5℃。

（2）面板挠曲变形

为监测沥青混凝土面板挠曲变形情况，在上水库库岸安装有 4 套固定式面板挠度测斜仪，其中每套测斜仪底部深入岩体 3m，各测点主要以 5m 为间隔均匀分布。

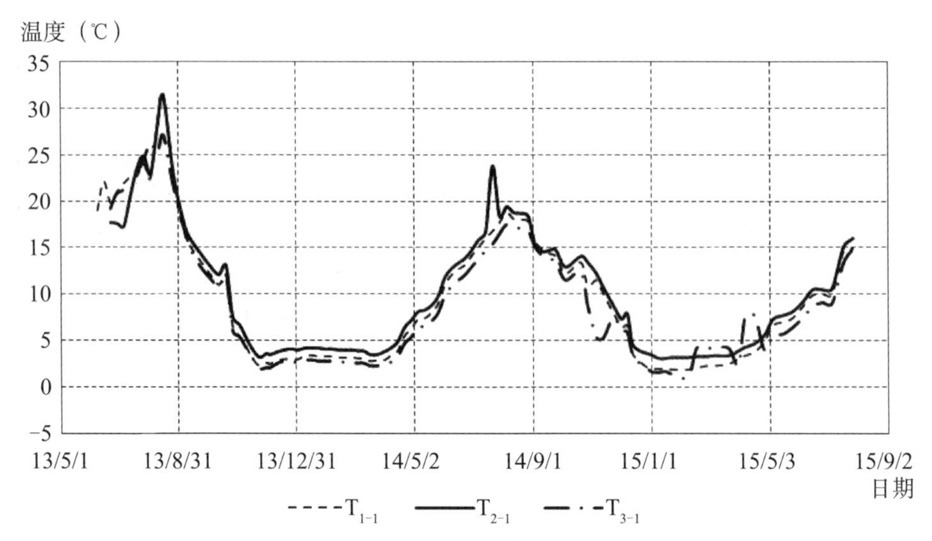

图 6.2－14　库底不同部位沥青混凝土温度时序曲线

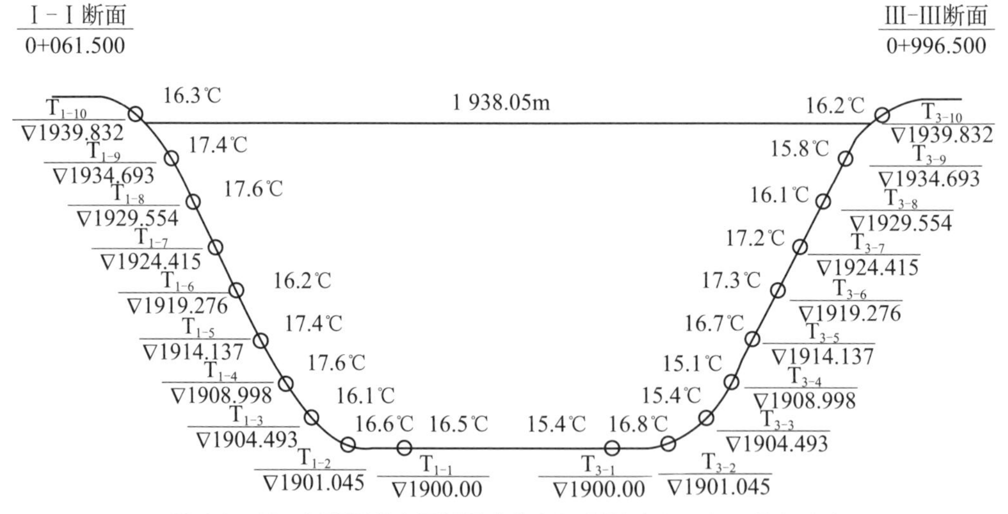

图 6.2－15　沥青混凝土面板温度分布示意图（2015 年 7 月 26 日）

受变形叠加影响，当前沥青混凝土挠曲变形最大值集中在孔口，总体在 159mm 以内（采用《土石坝安全监测技术规范》（SL551—2012）混凝土面板挠曲变形计算方法），该变形值仅供参考。其中大坝右岸圆弧度（INb-1）、坝体面板（INb-2）挠曲变形大于左岸圆弧段（INb-4）、坝体面板（INb-3）变形值。典型各监测断面沥青混凝土挠曲分布见图 6.2－16。

（3）面板应力应变

为监测沥青混凝土受外荷载后应变情况，在沥青混凝土面板共布置有 37 支单项应变计（4 个监测断面）。针对所监测到的应变数据，采用抗拉弹性模量

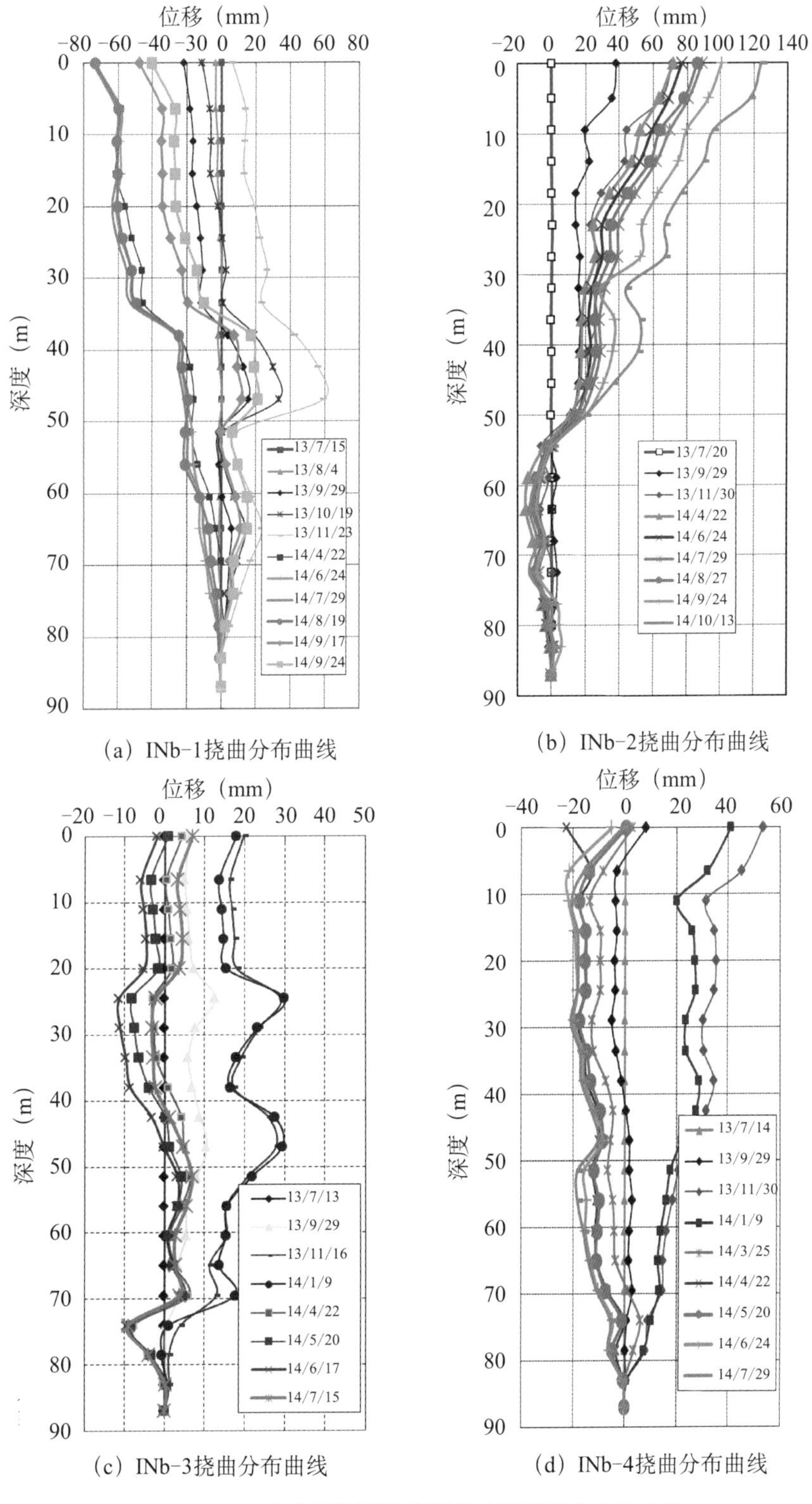

(a) INb-1挠曲分布曲线

(b) INb-2挠曲分布曲线

(c) INb-3挠曲分布曲线

(d) INb-4挠曲分布曲线

图6.2-16 各监测断面沥青混凝土面板挠度分布曲线

197.83MPa，抗压弹性模量330.44MPa计算对应应力。呼蓄电站防渗层沥青混凝土采用改性沥青进行拌制，其抗拉极限应力1.60MPa，抗压极限应力4.33MPa（见《呼和浩特抽水蓄能电站上水库面板沥青混凝土试验报告》）。

监测结果显示，沥青混凝土面板在高水位（▽1940.0m）运行时，沥青混凝土最大应变值在 -890 ~ 7951με 之间，应力值在 -0.29 ~ 1.57MPa 之间（采用固定弹性模量），与蓄水前相比沥青混凝土总体呈受拉变化。此外，水荷载作用下沥青混凝土主要呈受拉变化（见图6.2-17），与大气直接接触的沥青混凝土与大气温度总体呈负相关性（见图6.2-18）。

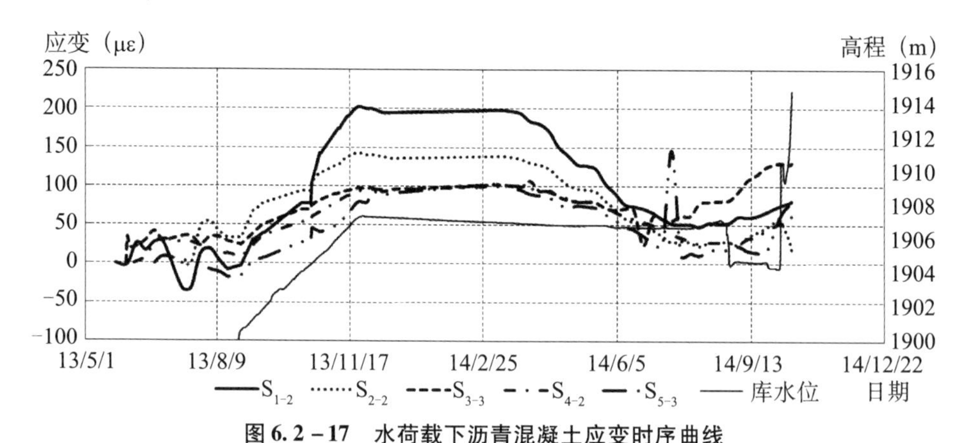

图6.2-17 水荷载下沥青混凝土应变时序曲线

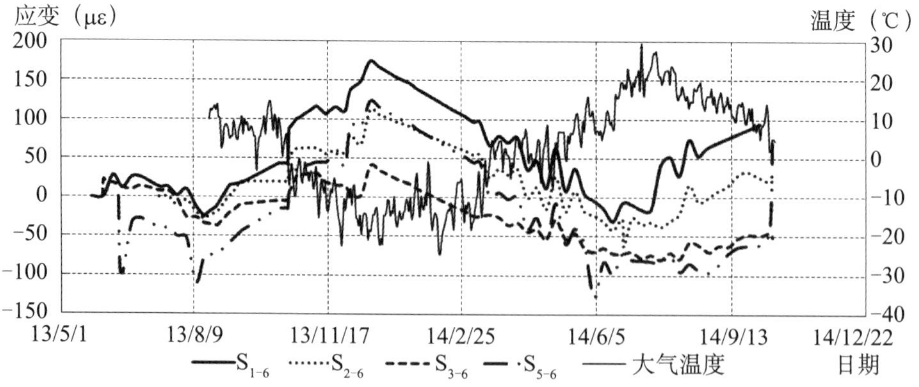

图6.2-18 温度影响下沥青混凝土应变时序曲线

6.3 监测成果评价

（1）防渗性能

上水库正常运行后，沥青混凝土面板下垫层料内渗压在1.3m水头以内且增加量微小；坝基渗流、绕坝渗流增加量均较小；库盆内总渗漏增加量为361L/mim，小于国内类似沥青混凝土面板渗漏量。综合防渗监测数据显示，沥青混凝土面板未见异常渗漏。

（2）抗冻性能

① 沥青混凝土面板经历的环境温度：呼蓄电站沥青混凝土面板摊铺完成之后，沥青混凝土表面经历了－40℃（2016年1月22日实测）的低温考验，未见冻裂。呼蓄电站沥青混凝土面板抗冻性能良好。

② 沥青混凝土内部监测温度：沥青混凝土具有较好的吸热作用，冬季向阳区沥青混凝土温度普遍高于背阳区沥青混凝土温度，两地区沥青混凝土内温差最大可达20℃。沥青混凝土摊铺后，除去摊铺时沥青混凝土本身拌制时的高温影响外，沥青混凝土温度范围值在－22.1℃～38.1℃之间，最低温度比西龙池抽水蓄能电站上水库2013年最低温度低9.5℃。

（3）沥青混凝土变形性能

经过外水荷载、严冬收缩、春暖膨胀等因素影响后，目前沥青混凝土最大挠曲变形值为159mm，现场巡视未发现沥青混凝土存在开裂等现象，说明防渗层沥青混凝土具有较强的延展性和拉伸性。最高水位时沥青混凝土最大应变值在－890～7951με之间（应力值在－0.29～1.57MPa之间），应变值接近沥青混凝土的抗拉极限应力。

综上所述，呼蓄电站上水库沥青混凝土面板蓄水后及运行过程中，库盆渗漏量未见异常变化，总渗漏增加量小于国内同期沥青混凝土面板渗漏量；经历了大气温度－40℃考验后，未见裂缝。正常蓄水位水头作用后，沥青混凝土面板变形未见异常。

第 7 章　经济社会效益及成果应用

7.1　技术经济效益

7.1.1　研究成果的经济效益

（1）国内自主施工的效益

如呼蓄上库沥青混凝土面板由国外承包商施工，估算综合造价不低于 1500 元/m^2；国内技术施工实际造价约为 857 元/m^2，节约工程造价约 1.2 亿元。

（2）渗漏量降低效益

抽蓄电站上库采用钢筋混凝土面板防渗的工程，一般需要放空水库 1 ~ 2 次对面板出现的裂缝修补处理后才能达到设计要求的渗漏量（日渗漏量小于库容的 1/2000），而沥青混凝土面板防渗效果可达到日渗漏量不大于总库容 1/5000 ~ 1/10000。

对于严寒水资源贫乏地区，沥青混凝土面板可节约补水量。以呼蓄电站上水库为例，正常蓄水位以下库容 $679.72 \times 10^4 m^3$，设计年限 100 年，沥青混凝土面板防渗效果可达到日渗漏量不大于总库容 1/5000 ~ 1/10000，而钢筋混凝土面板防渗要求为日渗漏量不大于总库容 1/2000，市内水费 2 元/t（含水资源费），则 $(1/2000 - 1/5000) \times 679.72 \times 10^4 \times 365 \times 100 \times 2 = 1.49$ 亿元。

（3）面板维修效益

根据十三陵抽水蓄能电站上水库钢筋混凝土面板裂缝情况统计，截至目前出现裂缝的数量约为 0.3m/m^2。如呼蓄工程采用钢筋混凝土面板，估计出现裂缝的数量约为 $244000 \times 0.3 = 73200$m。其中宽度 ≥0.2mm 裂缝约占裂缝总量的 70%，处理措施为内部化学灌浆 + 表面封闭，单价约 793 元/m；宽度 <0.2mm 裂缝约占裂缝总量

的 30%，处理措施为表面封闭，单价约 198 元/m。则裂缝处理需要的直接费用为 73200 ×0. 7 ×793 +73200 ×0. 3 ×198 =4498. 1 万元。另外，处理裂缝需要的时间约 3 个月，此期间电站无法运行发挥效益，造成的直接经济损失为 1. 5 亿元（呼蓄工程运行 1 年电容电价收益为 6 亿元）。

水位变幅区钢筋混凝土面板受冻融影响严重，以每 10 年大修一次为计，每次维修时间为 3 个月，100 年内维修 9 次，每次维修费 0. 45 亿，总费用为 0. 45 ×9 + 1. 5 ×9 =17 亿元。

沥青混凝土面板检修时间短，可利用机组计划性检修时间，可避免电容电价直接经济损失，且维修简单，耗费相比沥青混凝土面板可忽略不计。

故沥青混凝土面板代替钢筋混凝土面板设计年限内可省 17 亿元（未考虑时间价值）。

（4）风险降低的间接效益

一般抽水蓄能电站的上下水库不在直线工期上，如果在开挖、坝体回填、钢筋混凝土浇筑过程中出现不可预测原因造成工期滞后，极可能转换为关键工期，影响工程整体进度及投资。沥青混凝土 2 倍于钢筋混凝土面板的施工速度，机械化施工程度高，人为因素影响小，也为堆石坝施工赢得了时间，大坝沉降时间加长，对工程质量控制非常有力。沥青混凝土的快速施工避免了以往工期长可能遇到的进度、质量、投资的风险。

7. 1. 2　社会效益及推广应用价值

随着改革开放带来的社会经济快速发展，我国电网规模不断扩大，广东、华北和华东等以火电为主的电网，由于受地区水力资源的限制，可供开发的水电很少，电网缺少经济的调峰手段，电网调峰矛盾日益突出，缺电局面由电量缺乏转变为调峰容量也缺乏，修建抽水蓄能电站以解决火电为主电网的调峰问题逐步形成共识。由于抽水蓄能电站具有调峰、填谷、调频、调相和事故备用等特性，所以电网将抽水蓄能电站作为新能源发电站和核电站的配套电站，以保证电网的安全稳定运行。

抽水蓄能电站是电力系统中最可靠、最经济、寿命周期长、容量大、技术最成熟的储能装置，是新能源发展的重要组成部分。一般工业国家抽水蓄能装机占电网装机容量 5% ~10%，其中日本 2006 年抽水蓄能装机占比即已经超过 10%。到 2025 年，我国抽水蓄能装机容量规划达到 1 亿千瓦，占全国电力总装机的比重达 4% 左右。“十三五”国家能源发展规划提出：要合理布局，适应新能源开发需要，规划建设一批抽水蓄能电站，提高电网安全稳定运行水平，到 2020 年装机将达到 7000×10^4 kw。根据规划，抽水蓄能电站建设重点地区是：河北、内蒙古、辽宁、吉林、黑龙江、江苏、浙江、安徽、福建、江西、山东、河南、广东、海南、重庆、陕西、甘肃、宁夏、新疆。拟开工项目有：河北丰宁一期、丰宁二期；内蒙古锡林浩特；辽宁桓仁；吉林敦化；黑龙江荒沟；江苏马山、句容；浙江宁海、天荒坪二期、乌龙山；安徽绩溪；福建厦门；山东文登、泰安二期；河南天池、五岳、宝泉二期；广东深圳、阳江、梅州、清远；海南琼中；重庆蟠龙；陕西镇安；甘肃肃南；宁夏中宁；新疆阜康等。

本项目以呼和浩特抽水蓄能电站上水库沥青混凝土面板工程为依托，紧密围绕沥青混凝土面板低温抗裂的技术难点，从水工改性沥青原材料研发、沥青混凝土配合比优化、设计指标的提出、施工设备研发及施工工艺创新等技术难点着手，组织国内相关设计、科研、施工、沥青厂家等单位进行联合科研攻关，实现了产、学、研一体化，突破了水工沥青混凝土面板低温抗裂的技术瓶颈，世界上首次攻克了防渗层沥青混凝土面板低温冻断温度低于－43℃的技术难题，实现了适应极端最低气温－41.8℃水工改性沥青材料自主研发和沥青混凝土面板施工设备的国产化，完成了施工工艺和质量控制技术的创新。

基于本项目的研究成果，呼和浩特抽水蓄能电站上水库沥青混凝土面板成为国人自主研发、设计、施工的第一个严寒地区大型沥青混凝土面板工程。本项目对未来乌海、大连、易县、赤峰等一大批抽水蓄能电站沥青面板的建设有很好的示范作用，对我国水工沥青混凝土防渗技术的新材料、新工艺、新技术具有巨大的引领和促进作用，推广前景广阔，社会效益巨大。

7.2 成果应用

7.2.1 呼和浩特抽水蓄能电站上水库沥青混凝土面板工程

本项目紧密围绕沥青混凝土面板低温抗裂的技术难点开展水工改性沥青材料研发、沥青混凝土配合比优化、水工改性沥青技术指标和沥青混凝土技术要求、施工设备研发、施工工艺创新的研究工作，研究成果直接应用到呼蓄电站上水库沥青混凝土面板工程建设中。

呼和浩特抽水蓄能电站上水库工程于2010年8月开工建设，2013年7月完工，7月13日通过中国水电工程顾问集团公司的蓄水安全鉴定，8月8日初期蓄水，8月19日通过水电水利规划设计总院的蓄水验收。2014年11月第一台机组发电，12月第二台机组发电，2015年8月第三、四台机组全部投产发电。

图7.2－1　呼蓄电站上水库沥青拌和站

图7.2－2　呼蓄电站上水库沥青混凝土面板防渗层施工

上水库沥青混凝土面板在施工及蓄水运行后已历经3个冬季的考验，其中2013年冬季极端最低气温达到－40℃，未发生裂缝，蓄水后安全监测资料表明沥青混凝土面板基本无渗漏，实现了安全稳定运行。沥青混凝土面板低温抗裂研究成果在呼蓄上库沥青混凝土面板工程中得到了成功应用。

7.2.2　崇礼太舞四季滑雪场1#蓄水池沥青混凝土工程

通过引用呼蓄电站沥青混凝土面板防渗工程技术，河北省崇礼太舞工程实现了在环境温度－42℃安全运行的最新纪录。崇礼太舞四季文化旅游度假区1#蓄水池是滑雪场配套项目，要求达到蓄水造雪的功能。1#蓄水池总库容$21.2\times10^4m^3$，最大

图 7.2－3　呼蓄电站上水库沥青混凝土面板现场质量检测

图 7.2－4　呼蓄电站上水库沥青混凝土面板施工期越冬

斜坡面长度约 30m，坡度 1∶2（竖直向∶水平向）。蓄水池所在地区极端最低气温 －40℃，全库盆沥青混凝土面板总面积约 $2.8\times10^4m^2$，采用沥青混凝土面板进行全库盆防渗，总面积约 $2.8\times10^4m^2$，是国内市政旅游工程第一例采用沥青面板防渗的蓄水池。蓄水池沥青混凝土面板采用简式结构，其中整平层厚 7cm，防渗层厚 7cm，沥青玛蹄脂 2mm，共计 14.2mm。该蓄水池沥青混凝土面板采用呼蓄工程沥青混凝土面板的低温抗裂技术，改性沥青采用 5#水工改性沥青，配合比参照呼蓄电站上水库沥青面板工程施工配合比。沥青混凝土面板于 2015 年 7 月开始施工，9 月完成，整个有效施工期 1.5 个月。

图 7.2－5　呼蓄电站上水库沥青混凝土面板冬季运行

图 7.2－6　崇礼太舞四季滑雪场 1#蓄水池沥青混凝土面板斜坡摊铺施工

图 7.2－7　崇礼太舞四季滑雪场 1#蓄水池沥青混凝土面板平面摊铺施工

2015 年 11 月 15 日蓄水运行，2016 年 1 月下旬经历三天低温考验，实测最低气温达-42℃。2016年3月份经全面检查后，发现蓄水池滴水不漏，防渗效果良好。另外，由于沥青混凝土面板施工速度快，使滑雪场提前一年投入营业，增收约2830万元。

图7.2-8 崇礼太舞四季滑雪场1#蓄水池沥青混凝土面板蓄水运行

致 谢

科学有险阻，苦战能过关。本项目自立项以来，受到了中国长江三峡集团公司各级领导、相关部门和集团技术委员会专家们的大力支持和悉心指导，项目参与各方也给予了高度重视和配合，本成果是参与各方精诚合作、倾力协作的结晶，也是参与各方科研和施工人员无私奉献所取得的丰硕成果，为我国水电行业在严寒地区沥青混凝土面板的突破做出了重要贡献，在此深表感谢！

本报告汇总了项目主持单位和研发实施协作单位的技术创新成果、项目课题开发及任务实施的经验总结。

参加项目研发和实施的协作单位有：

主持研发单位：内蒙古呼和浩特抽水蓄能发电有限责任公司

设计单位：中国电建集团北京勘测设计研究院有限公司

沥青原材料生产厂家：盘锦中油辽河沥青有限公司

试验研发单位：中国水利水电科学研究院

监理单位：中国水利水电建设工程咨询西北有限公司

施工及工艺性试验单位：中国葛洲坝集团第二工程有限公司

沥青混合料生产供应及试验单位：北京中水科海利工程技术有限公司

安全监测单位：北京中水科水电科技开发有限公司

项目研发和实施过程中，还分别得到西安理工大学、南京水利科学研究院、石油化工科学研究院等高校和科研单位的支持与帮助，在此也一并表示感谢。

参 考 文 献

[1] 郝巨涛，丁德全，黄昊等．半城子水库沥青混凝土面板坝的现状及相关问题探讨［J］．水利发电，2006，32（5）：81－83.

[2] 景来红，杨顺群．宝泉抽水蓄能电站上水库工程设计［J］．人民黄河，2002，24（6）：24－25.

[3] 黄悦照，郭惠民．江苏宜兴抽水蓄能电站上水库工程设计与施工优化［C］//现代堆石坝技术进展－2009. 北京：中国水利水电出版社，2009：131－136.

[4] 马希正，黄敬熔．牛头山水库大坝沥青混凝土面板裂缝老化原因分析［J］. 东北水利水电，2005，23（247）：5－6.

[5] 姜忠见．天荒坪沥青混凝土面板防渗设计及施工若干问题的探讨［J］．水利规划与设计，2007（6）：52－55.

[6] 刘芳，张丙印，沈珠江等．西龙池下库沥青混凝土面板堆石坝的应力变形分析［J］．水力发电学报，2003（4）：31－38.

[7] 宋文晶，高莲士，吕明治等．张河湾水电站上水库沥青混凝土面板应力变形分析［J］．水利发电学报，2007，26（4）：82－85.

[8] 武学毅，熊成林，李贺新等．呼和浩特抽水蓄能电站上水库和下水库工程2013年度安全监测报告［R］．北京：北京中水科水电科技开发有限公司，2014.

[9] 中国水电顾问集团北京勘测设计研究院有限公司西龙池监测项目部．西龙池抽水蓄能电站水工建筑物安全监测——上、下水库面板2013年监测报告［R］．北京：中国水电顾问集团北京勘测设计研究院有限公司，2014.

[10] 邱彬如．抽水蓄能电站上水库库盆防渗形式必选——对沥青混凝土面板防渗的再认识［C］//抽水蓄能电站工程建设文集2009. 北京：中国电力出版社，2009：91－95.